우주선 안에서는 방귀 조심!!

청소년을 위한 유쾌한
항공 우주 과학 이야기

우주선 안에서는 방귀 조심!!

청소년을 위한 **유쾌한** 항공 우주 과학 이야기

한국항공우주연구원 외 지음

상상력만 있다면
가지 못할 곳은 없다!

밤하늘의 별을 보면 어떤 생각이 드나요? 아주 오래전부터 사람들은 하늘 너머 우주를 동경해 왔습니다. 그건 새로운 세계를 알고 싶은 순수한 호기심 때문이었습니다.

하지만 머리 위의 하늘은 너무 높고 멀었습니다. 그래서 인류는 오래전부터 자신의 한계를 뛰어넘어 새처럼 자유롭게 하늘을 날고 싶다는 꿈을 꾸었습니다. 그 꿈을 이루기 위해 레오나르도 다빈치는 날개를 만들었고, 몽골피에 형제는 열기구를, 라이트 형제는 동력 비행기를 만들었지요. 물론 이건 역사에 남은 기록일 뿐, 우리가 알지 못하는 수많은 사람들이 하늘을 날기 위해 시도했을 겁니다.

그들의 노력이 모여 오늘날 우리는 비행기를 타고 하늘을 쉽게 날아다니지요. 그뿐인가요, 그렇게 궁금해하던 달에도 날아가 발을 디뎠고, 그 너머 태양계에게도 탐사선을 보내고 있습니다.

　이렇게 우주에 대해 관심을 갖고 탐구해 오면서 과학 기술도 발전했습니다. 하늘과 우주로 나가는 데 활용된 항공 우주 과학 기술은 우리의 일상생활 속에서도 많이 쓰이고 있지요. 내비게이션이나 위성 방송은 물론이고 전자레인지나 화재경보기, 선글라스도 항공 우주 과학 기술이 활용되어 만들어진 것입니다. 우주로 나가기 위해 개발된 기술들이 인류의 삶도 향상시키고 있는 것이지요. 호기심은 우리의 삶을 바꾸기도 한답니다.

　밤하늘의 별을 보며, 하늘에 떠 있는 태양을 보며 호기심을 느끼는 것이 우주를 알아가는 시작입니다. 그 호기심을 펼쳐 보세요! 여러분에게는 새로운 세상이 펼쳐질 겁니다. 우리는 이 우주 속에서 살아가고 있고, 우주를 알아가는 건 우리 자신을 아는 것이기도 하니까요.

　이 책이 여러분의 호기심을 펼치는 데 작으나마 보탬이 되길 바랍니다. 이 책은 한국항공우주연구원이 운영하는 항공 우주 과학 교육 전문 사이트 카리스쿨(www.karischool.re.kr)에 실린 칼럼들 가운데 가장 유익하고 재미있는 이야기들을 모아 묶은 것입니다.

　여러분, 하늘과 우주에 대한 호기심을 키우고 날개를 펼쳐 보세요! 레오나르도 다빈치가 날개를 펼쳤던 곳은 하늘이지만, 우리가 날아갈 곳은 저 먼 우주입니다. 상상력만 있다면 가지 못할 곳은 없으니까요.

한국항공우주연구원

차례

우주 과학이 일상을 바꾸다

하늘을 날고 싶은 오랜 꿈을 이루다

우주 저편엔 무엇이 있을까

우리도 우주인이 될 수 있다

우주 과학이 일상을 바꾸다

우주 과학 :

우주에 대해 연구하는 과학 분야를 통틀어 이르는 말.

수학 같은 기초 과학과 우주선 같은 실제 도구를 이용하여 연구한다.

지구 밖 우주를 연구하는 일은 지구인의 일상생활도 바꿔 놓고 있다.

우주를 알지 못했다면 생일도 없다

인류는 아주 오래전부터 우주에 대해 호기심을 가져 왔다. 그런 호기심과 탐구의 결과로 만들어진 것 중에 하나가 바로 우리가 매일 보는 달력이다. 우주와 달력이 무슨 상관이 있느냐고? 상관이, 그것도 아주 많다.

원시 시대에는 지금처럼 먹을거리가 많지 않아 사냥을 하거나 열매를 따 먹어야 했다. 그런데 그 모든 활동을 하려면 밤낮과 계절이 어떻게 바뀌는지 알아야 했다. 사냥을 하러 나섰는데 갑자기 밤이 된다거나, 추운 겨울이 됐는데 먹을거리를 충분히 준비해 두지 못하면 생존에 큰 위협이 될 수도 있기 때문이다.

농사를 지으면서부터는 계절의 변화가 더 중요해졌다. 봄에 씨를 뿌려 가을에 곡식이나 열매를 거두지 않으면 다시 농사지을 때까지

오랜 시간을 굶어야 하기 때문이다. 그래서 사람들은 비슷한 날씨가 얼마 만에 되풀이되는지, 다시 말해 1년의 길이가 얼마나 되는지 알아야 했다.

이를 위해서 가장 중요한 게 우주를 관찰하는 일이었다. 사람들은 달이 찼다가 기울어지는 모습에 규칙이 있다는 점을 발견했고, 29.5일마다 달의 모양이 바뀐다는 것을 알게 되었다. 달이 지구를 한 바퀴 도는 시간이 일정하기 때문에, 지구에서 보는 달의 모습이 29.5일마다 되풀이되는 것이다. 사람들은 이 기간을 '달(月)'이라고 불렀다. 달의 주기를 바탕으로 탄생한 달력이 바로 태음력이다.

1년의 길이를 가장 먼저 발견한 사람은 고대 이집트인들이다. 농사를 짓고 살던 이집트인들은 나일 강이 불어나는 주기를 기준으로 한

해를 정하고, 물이 불어나기 시작하는 날을 새해 첫날로 정했다. 그런데 물이 불어나는 날을 어떻게 정확하게 알 수 있었을까? 그 답은 하늘에 있었다. 그날만 되면 하늘에서 제일 밝은 별인 시리우스(천랑성)가 아침에 동쪽 하늘에서 태양과 함께 떠올랐던 것이다. 그 주기는 365일마다 반복되었고, 이집트인들은 365일을 1년으로 하는 태양력을 만들었다.

우주에 대한 지식이 조금씩 늘어나면서 시간을 정확하게 잴 수 있게 되자, 사람들은 1년이 정확하게 365일이 아니라 365일에 4분의 1일을 더한 시간이라는 것을 알게 되었다. 지구가 태양의 둘레를 한 바퀴 도는 데 정확하게 365.25일이 걸렸던 것이다. 그래서 365일짜리 달력으로 4년이 지나면 실제 시간보다 하루가 빨라지게 된다.

로마의 율리우스 카이사르는 이 문제를 해결하기 위해 달력에 4년마다 하루씩 더 두기로 했다. 이렇게 더 들어간 날을 '윤일'이라고 부르고, 하루가 더 붙은 해를 '윤년'이라고 한다. 우리가 4년에 한 번씩 2월 29일을 볼 수 있는 이유가 바로 여기에 있다. 이렇게 만들어진 달력을 '율리우스력'이라고 한다.

하지만 여기서 끝이 아니다. 율리우스력 역시 천 년 넘게 사용되면서 점차 오차가 생기기 시작해, 계절과 약 10일의 차이가 생겼다. 그래서 이런 점을 고치기 위해 1582년 교황 그레고리우스 13세는 10월 달력에서 10일을 빼도록 하고, 400년마다 세 번의 윤년을 빼도록 했다. 이렇게 만들어진 달력이 그레고리력으로 오늘날 양력을 사용하는 많은 나라에서 이용되고 있는 달력이다.

이렇게 우주의 움직임을 오랫동안 관찰하면서 달력도 조금씩 발전해 왔고, 인류도 보다 시간을 효율적으로 사용할 수 있게 되었다. 만약 달력이 없었다면 우리는 생일을 어떻게 기억했을까? 우주에 대한 호기심은 많은 것을 바꾸기도 한다.

앗, 여기에도 우주 과학이!

달력처럼 우주를 알아가는 과정에서 탄생한 것들이 우리 주변에는 많이 있다. 특히 미지의 세계인 우주로 나가기 위해서는 최첨단 과학 기술들이 필요한데, 그런 우주 과학 기술들은 여러 분야에서 활용되어 우리의 삶을 편리하게 만들고 있다.

우리 생활 속에는 어떤 우주 과학 기술들이 숨어 있을까? 아마 가장 쉽게 떠올릴 수 있는 것들이 바로 인공위성을 이용한 내비게이션과 위성방송일 것이다. 그게 다일까? 우리가 미처 깨닫지 못한 곳에도 우주 과학 기술은 숨어 있다.

먼저 공공건물에서 쉽게 볼 수 있는 화재경보기가 그중 하나다. 화재경보기는 우주정거장에서 화재가 발생할 때를 대비해 만들어진 것이다. 1970년대 미국항공우주국(NASA)은 미국 최초의 우주정거장이자 유인 우주실험실인 스카이랩을 만들면서 내부 화재에 대비하기 위해 연기가

우주정거장
지구의 궤도를 도는 유인 인공위성. 우주인이 장기간 머물 수 있도록 설계한 기지로, 관측이나 실험이 가능하고 연료 공급도 받을 수 있다.

나는 것을 감지해 경보를 울리는 장치를 개발했다. 그때 만들어진 장치가 발전되어 이제는 일반 건물에서 널리 쓰이는 화재경보기가 만들어진 것이다.

집을 지을 때 사용되는 단열재도 우주 과학에서 나왔다. 우주선은 지구 대기를 통과하면서 마찰열을 받거나, 우주 공간으로 나갔을 때 급격히 온도가 올라가거나 내려가도 끄떡없어야 한다. 그래서 온도 조절을 위한 단열 장치가 필수적이다. 현재는 우주선에 사용된 단열 장치를 개발해 일반 주택에 적용시켜 사용하고 있다.

또 정수기 역시 원래는 물이 부족한 우주 공간에서 우주 비행사들의 식수 문제를 해결하기 위해 개발된 것이다. 그리고 전자레인지도 요리를 하기 힘든 우주선 안에서 냉동 우주 식품을 바로 데워 먹기 위해 만들어진 것이다. 이제 전자레인지는 일반 가정에서도 흔히 볼 수 있는 가전제품이 되었다.

뿐만 아니라 우주 공간에서 작업하는 우주 비행사들의 눈을 보호하기 위해 만든 필터는 자외선을 차단하는 선글라스에 사용되고 있고, 우주선 계기판의 손상을 막기 위해 개발된 긁힘 방지 렌즈 역시 오늘날 대부분의 안경이나 선글라스 렌즈에 사용되고 있다.

그리고 피부과에 가면 피부를 확대한 사진이나 영상을 보여 주는데, 이런 기술도 달 표면 사진을 찍은 뒤 그 사진을 컴퓨터로 측정해 이미지를 보다 정확하게 재생하는 기술이 상용화된 것이다. 이렇게 찾아보면 의외로 여러 곳에서 우주 과학 기술이 숨어 있음을 발견할 수 있다.

눈만 깜빡여도 세상과 통한다, 안구 마우스

2010년 7월 22일, 한국보조공학업체 전문가 포럼에서 휠체어에 누운 신○○ 씨가 파워포인트를 조작하며 발표를 진행했다. 생후 7개월 때부터 척수성 근위축증(SMA)으로 온몸을 움직일 수 없었던 신 씨가 마음대로 움직일 수 있는 것은 눈동자뿐이다. 그런데 눈동자만 움직일 수 있는 사람이 여러 사람 앞에서 어떻게 발표를 할 수 있었을까?

놀랍게도 신 씨는 모니터를 뚫어져라 쳐다보며 키보드를 조작하고, 눈동자를 깜빡여 마우스를 클릭하며 발표를 진행했다. 신 씨가 사용한 도구는 바로 눈동자로 조작하는 안구 마우스와 화상 키보드다. 신 씨는 이런 도구들 덕에 대학에서 컴퓨터공학을 전공할 수 있었다.

신 씨처럼 근육을 마음대로 움직일 수 없는 사람들에게 안구 마우스는 매우 고마운 도구다. 눈동자만 움직여도 뜻을 표현할 수 있고, 이를 통해 공부나 연구도 할 수 있기 때문이다. 신 씨처럼 몸의 근육이 위축되는 병을 앓고 있는 영국의 천체물리학자, 스티븐 호킹 박사도 안구 마우스를 이용해 연구 활동을 계속하고 있다.

그런데 안구 마우스가 처음 개발된 것은 근육병 환자를 돕기 위해서가 아니라 우주 비행사의 안전 때문이었다. 우주 비행사에게 왜 안구 마우스가 필요했던 것일까?

우주 비행사들은 우주선이 발사될 때 엄청난 소음과 진동을 느낀다. 그래서 그 순간 몸이 흔들리는 것을 막기 위해 온몸을 고정시킨다. 그런데 온몸이 묶인 상태에서는 우주선에 문제가 생긴 것을 알아도 아무런 대응을 할 수 없다.

그 문제를 고민하던 미국항공우주국의 과학자들은 손발이 묶여 있어도 눈동자는 움직일 수 있다는 점을 깨달았다. 그래서 아폴로 11호 계획 때 눈으로 움직이는 스위치를 개발하고, 우주 비행사들에게 눈동자를 움직여 스위치를 조종하는 훈련도 시켰다.

안구 마우스는 바로 이 기술을 응용해 만든 것이다. 우주 비행사들이 눈동자로 스위치를 움직였듯, 눈동자로 마우스 포인터를 움직이는 것이다. 사용자가 마우스 렌즈를 응시해 초점을 맞추면 마우스 포인터를 움직일 수 있고, 눈을 깜빡이고 화면을 바라보는 동작으로 클릭이나 드래그도 할 수 있다.

이제 온몸을 제대로 움직일 수 없는 사람도 안구 마우스를 사용해 눈만 깜빡이면 세상과 소통할 수 있다. 과학은 모든 사람을 위한 것이어야 한다는 말의 의미를 안구 마우스가 제대로 보여 주고 있는 것이다.

우주 무중력으로 허리를 치료하다

우리나라 최초 우주인 이소연 박사는 우주에 있을 때, 지구에서보다 키가 약 3센티미터 커진 것을 발견했다. 어떻게 이런 일이 벌어진 것일까?

물론 실제로 키가 큰 것은 아니다. 다만 우주에서는 지구와 달리 중력이 없어서 척추에 작용하는 압력이 낮아지고 관절이 늘어나 키가 자란 것처럼 보였던 것이다. 최근에는 이런 무중력 원리를 이용해 허리 디스크를 치료하는 방법이 인기를 끌고 있다.

'무중력 감압치료'라는 이름의 이 디스크 치료법은 우주 비행사들이 우주에서 키가 커지고 허리 통증이 사라진 것에서 아이디어를 얻어 만들어졌다. 눌리거나 어긋난 척추 부위에 치료기를 대고 무중력 상태에 있을 때처럼 압력을 낮추면 손상된 부위가 정상 위치로 돌아오는 원리다. 손상된 부위가 정상으로 돌아오면 눌려 있던 주변 혈관이 영양분을 충분히 공급받을 수 있으므로 통증이 사라진다.

이 치료법은 다른 디스크 치료법보다 통증이 적은 데다 한 번 치료하는 데 30분 정도밖에 걸리지 않아 치료받는 데도 큰 부담이 없고, 치료 효과도 매우 높은 편이라고 한다. 우주 공간의 무중력을 잘 활용한 덕분에 허리 통증도 큰 수술 없이 간단하게 치료할 수 있게 된 것이다.

이처럼 우주 과학 기술이 응용된 분야 중 가장 주목 받는 곳은 의료계다. 검진을 받을 때 사용하는 자기공명영상장치(MRI), 단층촬영기기(CT) 같은 의료기기들 역시 우주 사진 촬영 기술을 이용해 만든 것이다.

시력 교정을 위해 하는 라식 수술도 미국항공우주국과 미국국방부가 개발한 레이더 기술을 이용한 것이다. 라식 수술은 레이저로 각막을 깎아서 시력을 교정하는 수술인데, 수술 도중 환자가 안구를 무의식적으로 움직이더라도 그 움직임을 잘 쫓아 수술하는 것이 관건이다. 레이더 기술을 이용하면 초당 4,000번의 눈 움직임을 측정할 수 있어 안전하게 수술할 수 있다고 한다.

우주를 향한 인간의 도전 정신에서 시작된 우주 과학 기술이 이제 인류의 건강을 지키는 데에도 중요한 역할을 하고 있다니 멋지지 않은가.

똑똑한 인공위성, 천리안!

우주 과학 분야에서 우리의 일상생활에 가장 많은 영향을 주는 것은 아마 인공위성일 것이다. 인공위성이란 보통 어떤 목적을 위해 지구 주변을 돌도록 로켓을 이용해 쏘아 올린 인공 장치를 말한다. 인공위성은 그 목적이나 용도가 다양하다. 방송이나 통신에 사용되기도 하고, 기상 정보를 제공하기도 하고, 지구의 모습을 관측하거나, 행성을 탐사하거나, 군사 목적으로 이용되기도 한다.

지금까지 우리나라는 많은 인공위성을 쏘아 올렸는데, 그중에서 많은 역할을 담당하고 있는 똑똑한 위성, 천리안에 대해서 알아보기로 하자.

천리안은 2010년 6월 27일, 우리나라가 국제 협력을 통해 개발해 발사한 정지궤도 위성이다. 정지궤도 위성은 지구 상공 3만 6,000킬로미

터에서 지구의 자전 속도와 같은 속도로 지구 주위를 도는 위성을 말한
다. 지구와 같은 속도로 돌기 때문에 항상 같은 위치에 떠 있는 것처럼
보여서 정지궤도 위성이라 불린다.

천리안은 적도 상공에서 머물며 한반도의 기상과 해양 정보를 관찰
하고, 통신 서비스를 제공할 수 있는 똑똑한 다목적 위성이다. 축구선
수에 비교하면 중앙 미드필더, 측면 공격수 등의 역할을 모두 소화하는
박지성 선수와 비슷하다고 할 수 있다. 말하자면, 천리안은 멀티 플레
이어 위성인 셈이다.

인공위성은 지구 주위를 도는 궤도에 따
라 저궤도 위성, 극궤도 위성, 정지궤도 위성
으로 나뉘는데, 정지궤도 위성은 한 지역을
계속 관찰할 수 있어 통신과 기상 관측 등의
목적으로 사용된다. 그런데 천리안에는 이러
한 기능뿐 아니라 사상 최초로 해양 관측 탑
재체까지 추가로 탑재되어 한반도 주변 바다
까지 관찰할 수 있다.

이 해양 탑재체에는 해상도가 500미터인
카메라가 장착되어 있다. 해상도 500미터란,

가로세로 길이가 500미터인 물체를 화면상에 한 점으로 표시할 수 있
다는 의미로 정지궤도 위성 중에서는 해상도가 가장 좋은 것이라고 한
다. 기존의 극궤도 위성이 하루에 한 번 한반도 주변의 바다를 촬영할
수 있었던 반면, 천리안은 하루에 여덟 번 촬영한다. 극궤도 위성이 관

찰한 정보가 '사진'이라면 정지궤도 위성이 촬영한 정보는 '동영상'인 셈이다. 따라서 천리안 위성이 촬영한 자료를 분석해 바다에 오염 물질은 없는지, 해수의 흐름은 어떤지, 적조가 나타날지 등을 실시간으로 알 수도 있다. 천리안이 보내온 해양 위성 자료가 궁금하다면, 해양위성센터 홈페이지에 들어가면 무료로 확인할 수 있다.

천리안이 갖고 있는 기상 관측 기능도 큰 의미를 갖는다. 우리나라는 이전까지 30분에 한 번씩 일본의 위성이 촬영한 한반도의 기상 정보를 제공받았다. 하지만 우리나라처럼 산이 많은 지형에서는 지역에 따라 예측하기 힘든 기상 현상이 자주 발생하기 때문에, 30분에 한 번씩 기상 정보를 제공받아서는 민첩하게 대응하기가 어렵다. 다행히 이제 천리안 덕분에 평상시에는 15분, 비상시에는 최대 8분 간격으로 한반도의 기상 상황을 살펴볼 수 있게 되었다.

멀티 플레이어, 천리안이 가진 마지막 능력은 통신 기능이다. 다른 탑재체가 외국 기술진과 협력해 만든 장치인 반면, 이 통신 탑재체는 순수 국내 연구진이 개발한 장비라는 게 특징이다. 천리안 위성의 허리춤에 붙어 있는 원형의 안테나와 내부 전자장치가 방송과 통신 신호를 받아 우리나라 전역으로 보내게 된다. 특히 통신 탑재체가 이용하는 주파수는 20헤르츠 대역이라 고화질 HD방송이나 3D방송과 같은 큰 용량의 정보를 주고받을 수 있다. 또 공공 통신망이 닿지 않는 지역이나, 특수한 상황에서 지상 통신망을 대신할 수도 있다.

이처럼 다양한 기능을 가진 천리안은 우리나라의 위성 제작 기술을 한 단계 올려 주는 상징적인 존재다. 제작 기간 7년, 길이와 높이 모두 2미터를 넘고, 무게만 해도 2,500킬로그램이나 되는 중형급 위성이다. 물론 100퍼센트 한국 기술로 만들지 못한 점과 우리나라가 만든 발사체에 실려 발사되지 못한 아쉬움은 있다. 하지만 천리안이 성공적으로 운용되고 있다는 것은 우리나라도 정지궤도 위성을 제작하고 운용할 수 있다는 자긍심과 기술적인 진보를 의미한다. 앞으로 천리안을 넘어 어떤 위성이 개발될지 관심을 갖고 지켜보자.

인공위성은 생태학자

중국을 대표하는 명물이자 세계자연보호기금의 로고로 사용되기도
한 판다. 판다는 세계자연보호기금에서 발표한 '2010년 멸종 위기에
처한 생물 열 종'에 포함됐다. 전 세계에 살고 있는 판다가 1,600여 마
리밖에 안 되기 때문이다.

> 세계자연보호기금에서 발표한 '2010년 멸종 위기에 처한 생물 열 종'에는 호랑이, 북극곰, 태평양바다코끼리, 마젤란펭귄, 장수거북, 청지느러미참치, 산고릴라, 왕나비, 자바 코뿔소, 자이언트판다가 포함되었다.

판다가 멸종 위기에 처한 까닭은 인간의
이기심 때문이다. 인간이 자연을 무분별하게
개발하다 보니 판다들이 살아갈 곳을 잃게
된 것이다. 게다가 판다는 번식기가 짧고 짝
짓기를 그다지 좋아하지 않는다. 평생 새끼
를 한두 마리밖에 낳지 않는 판다를 그대로
내버려 둔다면, 언젠가는 지구상에서 판다를 볼 수 없을지 모른다.

그래서 중국과 미국의 과학자들은 2005년부터 판다에게 인공위성
자동위치추적시스템(GPS)를 부착해 판다의 생활을 관찰하고 있다. 특
히 유심히 살피는 것은 짝짓기다. 판다가 번식기에 보이는 행동을 알
아내서 판다의 수를 늘리려는 것이다.

인공위성은 판다의 사례처럼 생물과 관련된 정보를 모으는 데 유용
하게 사용된다. 우리나라의 연구원들도 인공위성을 이용해 조류의 이
동 경로를 추적하고, 서식지 정보를 알아내고 있다. 이미 1998년에는
독수리의 이동 경로를 추적해 그들의 번식지가 몽골이라는 점을 알아
낸 적도 있다.

새들의 경우에는 국경을 옮겨 다니므로 이동 경로를 밝히는 것은 쉬

운 일이 아니었다. 하지만 인공위성 덕분에 새들의 이동 경로를 정확히 알아내는 게 가능해졌다. 이제 생태학자들은 책상 앞에 앉아 컴퓨터로 새의 이동을 한눈에 확인할 수 있다. 이렇게 모아진 정보는 멸종 위기의 조류를 보호할 방법을 찾는 데 도움을 준다. 결국 인공위성이 생태학자 한 명의 몫을 톡톡히 하는 셈이다.

인공위성은 바다에 사는 생물들의 이동 경로와 서식지를 파악하는 데도 이용된다. 국립수산과학원 서해수산연구소는 2010년 1월, 홍어의 몸에 전자 태그를 달아 바다에 풀고 이동 경로를 추적하기도 했다. 홍어는 원래 서해 바다에서도 깊고 차가운 물속을 찾아 여름에는 서해 중부 먼 바다, 겨울에는 흑산도 인근 해역으로 이동하는 것으로 알려졌다. 하지만 정확한 이동 경로는 파악되지 않았다. 서해수산연구소는 2007년부터 50센티미터 안팎의 홍어 950마리에 고유 번호가 기록된

노란색 표지를 달고 흑산도와 대청도 인근에 풀었다. 하지만 950마리 중 17마리만 어민에게 잡혔고, 홍어의 이동 경로를 계속 쫓는 것도 어려웠다.

　그래서 연구소는 전자 태그와 인공위성을 활용하기로 했다. 전자 태그를 달면 인공위성을 통해 위치 추적이 가능하므로 이동 경로를 정확하게 파악할 수 있기 때문이다. 이 전자 태그에는 전자 센서가 들어 있어 홍어가 살고 있는 서식지의 물 온도와 홍어의 이동 경로, 산란장 등에 대한 정보까지 모을 수 있다.

　이렇게 인공위성은 생물의 생태를 연구하는 데도 훌륭하게 이용되고 있다. 이제 사람이 일일이 찾아다니지 않아도 위치추적장치와 인공위

　　　　　　　　　　　　　　　　　　　　우주선 안에서는 방귀 조심!

성의 통신으로 쉽고 정확하게 연구할 수 있다. 우주 과학이 만든 좋은 도구가 지구상의 생물을 돕는 것이다.

하지만 아직까지는 생물 연구에 인공위성을 이용하려면 많은 비용이 든다. 인공위성의 가격뿐만 아니라 위성과 통신하는 장치도 비싸기 때문이다. 이 비용이 줄어든다면 멸종 위기에 처한 생물을 더 많이 도울 수 있을 것이다.

인공위성, 지진해일을 살피는 매의 눈

"일본 동쪽 바다에서 강한 지진이 일어났습니다. 높이 10미터 이상의 지진해일(쓰나미)이 몰려옵니다. 주민 여러분, 지금 당장 높은 곳으로 대피하세요."

2011년 3월 11일 오후 3시, 일본 미야기현의 미나리산리쿠에서 다급한 목소리가 울려 퍼졌다. 2시 46분에 일본 동북부 도호쿠 근처에서 규모 9.0의 지진이 발생했기 때문이다. 강한 지진이 일어나자 바다가 크게 들썩였고, 이 정보를 받은 일본 기상청이 지진해일 경보를 내렸다. 경보가 발표된 지 10여 분이 흐르자 미야기현과 아와테현에 있는 마을에 지진해일이 들이닥쳤다.

이렇게 지진해일이 일어났을 때 사람들에게 미리 상황을 알려 피해를 줄일 수 있도록 하는 것이 지진해일 경보 시스템이다. 이 시스템은 지난 2004년 인도네시아 쓰나미 피해 이후 독일 중심으로 개발되어 전 세계에 갖춰졌다.

그런데 머나먼 바다에서 일어난 지진을 어떻게 미리 알고 경보를 내릴 수 있는 것일까? 이 경보 시스템에는 지진과 해양, 기상은 물론 우주 과학까지 동원된다.

지진해일은 바다 밑에서 지진이 일어나거나 화산이 폭발하면서 생긴다. 지구의 껍질인 지각은 몇 개의 판으로 이뤄져 있는데, 이런 판이 만나는 부분에서 지진이 일어나면 지층이 아래위로 움직일 수 있다. 이때 생기는 힘이 바닷물로 전달되면 바닷물이 갑자기 솟아올랐다가 꺼지면서 거대한 파도가 생기는데 이것이 바로 지진해일이다.

지진해일을 미리 알려면 파도의 움직임을 살펴야 한다. 우선 바다 밑에 설치된 해저센서로 바닷물의 움직임을 감지한다. 지진이 일어나 수백만 톤의 바닷물이 갑자기 위아래로 치솟으면 센서에 전해지는 압력이 달라져서 센서가 잡아내는 것이다.

해저센서는 이 정보를 음파에 담아 바다에 떠다니는 통신 부표에 보낸다. 통신 부표에는 GPS가 붙어 있어 인공위성과 통신할 수 있다. 인공위성은 부표로 전해진 정보를 받는 동시에 통신 부표의 위치도 살핀다. GPS가 붙어 있는 부표의 위치가 달라지는 것을 보고 파도의 높이와 방향을 짐작하는 것이다. 이렇게 모아진 정보들은 인공위성에서 경보센터에 전달되어 사람들에게 지진해일을 미리 알릴 수 있게 된다.

최근에는 인공위성으로 지진해일을 더 정확하게 살피는 연구를 하고 있다. 대표적인 것이 미국해양대기청(NOAA)이 발표한 '그림자(shadow)' 영상이다. 지진해일이 일어나면 바닷물이 위아래로 깊게 파

이는데, 이것을 위성으로 보면 검은 띠 모양이다. 바닷물이 파인 부분 때문에 주변 부분이 어두워지는 것이다. 연구 결과 이 그림자의 길이는 지진해일의 강도와 비례한다고 한다. 이 연구가 더 진행되면 앞으로는 위성 영상만 보고도 지진해일의 세기와 진행 방향을 알 수 있게 될 것이다.

이처럼 인공위성은 지진해일을 예측하고 대비하는 데 중요하게 활용된다. 이번 지진해일을 계기로 우주 과학 분야에서 지진해일을 예측하는 연구가 활발해질 것으로 보인다. 어쩌면 가까운 미래에는 10분이 아니라 그보다 더 일찍 더 정확하게 지진해일을 예측해서 더 많은 사람의 생명을 구할 수 있게 될 것이다.

도와줘요, 인공위성!

전 세계적으로 인공위성을 재난 복구나 기상 이변을 감시하는 데 활용하는 사례가 늘고 있다. 우주에서 지구를 내려다보면 지진, 산사태, 홍수, 산불 등의 재해를 전체적으로 살필 수 있어 재난을 대응하거나 피해를 복구하는 데 효율적이기 때문이다.

2010년 1월, 아이티에서 강도 7.0의 엄청난 지진이 일어났을 때에도 전 세계 여러 나라의 인공위성이 큰 역할을 했다. 당시 아이티는 지진으로 다리가 무너지고 항구나 공항 등도 마비돼 피해 복구나 구호를 하기 어려운 상황이었다. 하지만 인공위성으로 피해 지역을 촬영해 도로와 다리를 이용할 수 있는지, 위성 전화나 인터넷이 가능한 지역이 있는지 등을 상세하게 파악해 어떤 길로 이동해야 할지, 비상 물품을 전달하기에 효율적인 장소가 어딘지도 쉽게 알 수 있었다.

우리나라에서는 지구 관측을 목적으로 제작된 위성 아리랑 2호가 아이티 지원에 나섰다. 아리랑 2호는 1월 말에는 페루의 홍수 피해 지역을 돕는 데도 나섰다. 페루우주개발위원회가 홍수로 피해를 입은 지역의 위성 촬영을 요청한 것이다. 아리랑 2호는 당시 피해가 컸던 쿠스코 동부 약 1,500제곱킬로미터 지역을 위성으로 촬영했고, 페루 정부는 이 자료를 수해 복구에 활용했다.

또 바다에 기름이 유출되는 사고가 발생하면 인공위성으로 사고 해역을 촬영해 쏟아진 기름의 양이나 흐름을 실시간으로 추적할 수 있다. 이러한 위성 정보를 활용하면 해안가로 흘러가는 기름부터 제거할 수 있어 2차 피해를 막을 수 있고, 방재 작업을 할 인력이나 장비도 기름

의 양에 따라 배치할 수 있다.

또한 인공위성을 활용하면 건조한 봄과 가을에 일어나는 산불에도 효과적으로 대응할 수 있다. 산불이 위험한 것은 피해 지역으로 접근하기가 어렵고, 어느 지역으로 번질지 알기 어렵기 때문이다. 하지만 인공위성으로 내려다보면 산불의 상황을 정확히 파악할 수 있어 불길을 잡기도 수월하고, 주민을 대피시킬 경로도 쉽게 알 수 있다.

이렇게 인공위성을 활용하면 재난 지역의 피해 상황을 훨씬 더 빨리 파악해 신속하게 대처할 수 있다. 우리나라도 2012년부터 아리랑 2호와 천리안, 아리랑 5호와 아리랑 3호까지 총 네 기의 위성을 활용하여 재난에 대응하는 시스템을 자체적으로 갖출 예정이다.

특히 천리안이 한반도 상공에서 빠르면 8분 간격으로 관측 정보를 보내고, '아리랑 5호'는 캄캄한 밤이나 구름 낀 날에도 관측할 수 있어 지금보다 더 다양하고 우수한 인공위성 자료를 얻을 수 있게 된다.

　이미 세계 각국은 큰 자연 재해가 발생했을 때 인공위성 정보를 활용할 수 있도록 서로 협력하고 있다. '인터내셔널 차터'도 그런 목적을 위해 만들어진 국제협력기구다. 인공위성을 보유한 13개국 우주 개발 기관들이 자발적으로 조직한 인터내셔널 차터는 재해 피해 지역에 인공위성 영상을 무상으로 제공하고 있다. 2000년부터 활동을 시작하여 지금까지 약 300건이 넘는 재해 지역에 위성 정보를 제공해 피해 복구에 많은 도움을 주고 있다.

　현재 지구 곳곳에는 지구온난화나 기후 변화 등으로 각종 자연 재해가 늘고 있다. 더 열심히 살피고 대비하지 않으면 어떤 큰 피해를 입을지 모른다. 다행히 우리에게는 우주에서 지구를 살펴주는 인공위성의 눈이 있다. 인공위성을 잘 이용하면 앞으로 일어날지도 모르는 각종 재난 피해도 최소화할 수 있을 것이다.

　　　　　　　　　　　　　　　　우주선 안에서는 방귀 조심!

배고픈 지구를 살리는 고마운 인공위성

'배고픈 지구를 위한 과학'

얼마 전 미국항공우주국 홈페이지에 이런 제목의 짧은 동영상이 실렸다. 동영상을 살펴보면, 처음에는 숟가락이 놓여 있는 빈 그릇이 보인다. 이어 시리얼 상자를 빈 그릇에 붓는데 그 안에서 지구가 나온다. 지구 주변에는 인공위성 세 대가 빙글빙글 돌고 있다. 배고픈 지구와 인공위성의 만남? 고개를 갸우뚱하게 하는 내용이다. 이 동영상은 무슨 이야기를 하고 싶은 것일까?

지난 2008년 전 세계는 옥수수 가격 때문에 깜짝 놀란 적이 있다. 옥수수 가격이 갑자기 평소보다 두 배나 올랐기 때문이다. 옥수수는 가축의 사료로 많이 쓰이는 곡물이라, 사료가 비싸지니 덩달아 고기 가격도 올라 사람들은 먹을거리를 사는 데 전보다 더 많은 돈을 내야 했다.

이 영향은 생활 전반으로 이어져, 다른 물건의 가격들까지 올라 세계 경제가 뒤흔들리게 되었다. 옥수수 가격이 오른 것이 세계 경제에도 큰 영향을 미친 것이다. 이렇게 농산물의 가격이 오르면서 일반 물가까지 오르는 현상을 에그플레이션이라고 하는데, 전 세계는 이런 현상에 대처할 방법을 찾기 위해 고심하고 있다.

곡식 가격이 오르는 이유는 간단하다. 먹을 사람은 많은데 곡식이 충분하지 않기 때문이다. 곡식이 소나 돼지의 사료로, 또는 석유 대신 사용할 바이오에탄올을 만드는 재료로 이용되다 보니 정작 사람들이 먹을 양이 줄어든 것이다. 또 기후 변화 때문에 가뭄이나 폭우 같은 이상 현상이 일어나 곡식이 제대로 자라지 못한 것도 원인이다.

　이런 문제를 해결하려면 과학자들도 나서야 한다. 어떻게? 생명공학자들은 영양분이 더 많이 들어 있는 슈퍼옥수수나 병해충에 강한 벼나 밀을 만들어 식량 문제를 해결하는 데 도움을 줄 수 있다. 그리고 기후학자는 지구온난화 등의 문제를 연구해서 이상 기온 문제를 해결하는 데 도움을 줄 수 있다. 그렇다면 인공위성이나 로켓을 연구하는 우주과학자는 어떻게 도움을 줄 수 있을까?

　미국항공우주국은 2011년 6월 초에 발표한 '광합성 지도'로 여기에 대한 답을 내놓았다. 광합성 지도는 식물이 광합성을 할 때 내는 불그스름한 형광 빛을 재어 지도로 만든 것으로, 이 지도를 보면 전 세계에 있는 식물의 광합성을 살필 수 있다. 그런데 왜 하필 식물의 광합성을

우주선 안에서는 방귀 조심!

주목해 지도로 만들기로 한 것일까?

광합성은 식물이 영양분을 만드는 과정을 말한다. 녹색 식물은 엽록체라는 기관에서 햇빛과 물, 이산화탄소를 영양분(탄수화물)과 산소로 바꾼다. 식물이 꽃을 피우고 열매를 맺을 수 있는 것은 엽록체에서 만들어진 영양분 덕분이다. 만약 식물이 광합성을 활발하게 하고 있다면 그것은 나중에 열매를 많이 맺을 수 있는 이야기다. 그러니까 식물의 광합성을 살피면 나중에 열매를 얼마나 맺을지, 즉 식량 생산량도 어느 정도는 예측할 수 있다는 뜻이다. 그래서 과학자들이 전 세계 식물의 광합성 분포를 지도로 만들기로 한 것이다.

광합성 지도를 처음 만들 때는 지구에 녹색이 많으면 광합성이 활발한 것이라고 생각했다. 엽록체는 녹색 식물의 세포에 들어 있는 기관으로 특히 잎에 많은데, 식물의 잎은 엽록체 때문에 녹색으로 보이기 때문이다. 그러나 잎은 말라비틀어져도 얼마 동안은 녹색을 유지하기 때문에 녹색만 살펴서는 광합성을 정확하게 살피기 어려웠다. 그래서 과학자들은 녹색 대신 식물이 광합성을 할 때 내놓는 불그스름한 빛을 재어 지도를 만들기로 했다.

이 지도를 살펴보면 우리나라가 속해 있는 지구의 북반구는 7월에 햇살이 강해 광합성이 활발한 반면, 남반구는 계절이 반대라 12월에 광합성이 활발하게 나타난다.

그럼 이 광합성 지도는 어떻게 이용되는 것일까? 농부들에게 이 지도는 아주 유용하다. 만약 인공위성을 통해 관측해 보았더니 카리 씨네 옥수수 농장에서 광합성의 양이 평소보다 적다는 결과가 나왔다고

2009년 7월

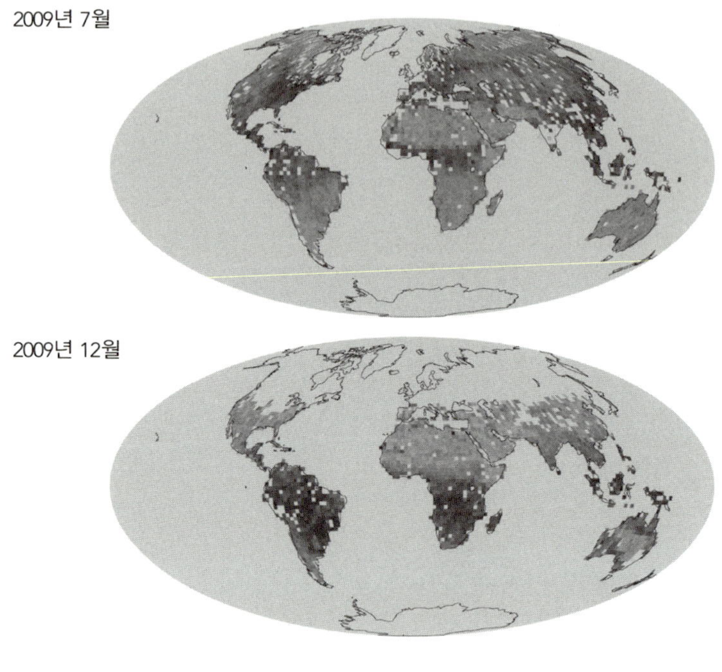

2009년 12월

광합성 지도

하자. 그러면 이 정보는 카리 씨에게 전달될 테고, 카리 씨는 자신의
농장에서 광합성이 적게 일어난 지역으로 가서 뭐가 문제인지 살필 것
이다. 그래서 물이 부족하다거나 새로운 해충이나 질병이 나타났다거
나 하는 원인을 찾아 문제가 더 커지기 전에 보다 빨리 대처할 수 있게
된다.

　정부에서는 광합성의 양을 보고 나중에 곡식 수확량을 예상해서 미
리 대책을 세울 수도 있다. 그러면 2008년처럼 갑자기 곡식 가격이 올
라서 세계 경제를 뒤흔들 일도 줄어들 것이다.

　　　　　　　　　　　　　　　　　　　　　우주선 안에서는 방귀 조심!

또 광합성 지도는 환경 문제에도 도움을 줄 수 있다. 식물은 광합성을 하는 과정에서 이산화탄소를 산소로 바꾼다. 이산화탄소는 지구온난화의 주범으로 꼽히는 물질 중에 하나기 때문에, 지구의 광합성을 살피면 환경 문제를 연구하는 데도 도움이 된다.

이렇게 우주과학자들은 우주만 연구하는 게 아니라 배고픈 지구, 아픈 지구를 위한 연구도 함께하고 있다. 그리고 인공위성은 그 연구를 하는 데 중요한 역할을 맡고 있다. 정말 다재다능한 인공위성, 앞으로 또 어떤 활약을 하게 될지 기대된다.

인공위성은 몇 살까지 살까?

1957년 10월 4일, 인류 최초의 인공위성 러시아 '스푸트니크 1호'가 발사된 이래 수천 개의 인공위성이 우주로 발사되었다. 그러나 현재 지구를 돌고 있는 인공위성 중에는 작동 중인 위성보다 수명이 끝난 인공위성들이 훨씬 더 많다.

인공위성 중에서 수명이 가장 짧은 것은 주로 사람이 탑승하는 유인 위성들이다. 유인 위성들은 보통 지구 상공 300킬로미터 이하의 저궤도를 돌며 짧게는 하루에서 길게는 2~3주 정도 우주에 머문다. 반대로 수명이 긴 인공위성은 고도 약 3만 6,000킬로미터의 정지궤도에 있는 위성들이다. 이런 위성들은 일반적으로 설계 수명이 약 15년에 이른다. 하지만 설계 수명이 15년이라 하더라도 실제 수명은 더 짧을 수도 있다. 그렇다면 인공위성의 수명을 결정짓는 것은 무엇일까?

첫 번째는 연료량이다. 인공위성 내부에는 자세와 위치를 바꾸는 데 필요한 연료가 실려 있다. 인공위성은 지구 중력에 의해 조금씩 고도가 낮아지면 원래의 고도로 올라가기 위해 연료를 사용한다. 또 우주에서 자세와 방향을 바꿀 때도 연료를 내뿜으면서 그 반작용으로 움직이게 된다. 이 연료를 다 사용하면 위성은 더 이상 자기 스스로 움직이지 못하게 된다. 흔히 지구에 가깝게 떠 있는 인공위성일수록 지구 중력의 영향을 많이 받기 때문에 연료 소모량도 많아 수명이 짧다.

인공위성의 수명을 결정짓는 두 번째 요인은 위성 내부에 있는 각종 장비들이다. 위성 내부에는 각종 고성능 컴퓨터나 통신 장비들이 있는데, 이 장비들에 문제가 생기면 인공위성의 수명은 단축될 수밖에 없다.

그래서 일단 처음 만들 때부터 고장이 안 나도록 잘 만드는 것이 중요하다. 인공위성은 하늘로 쏘아 올리는 것이라 고장이 나도 수리가 어렵기 때문이다. 과학자들은 인공위성을 만들 때 엄격한 검증을 거친 안전한 부품을 사용해 고장이 날 확률을 줄이려고 애쓰고 있다. 그리고 만약 어느 한 부품이 고장 나더라도 잉여 부품이나 회로를 사용해 문제없이 작동할 수 있도록 설계하고 있다.

이렇게 신중하게 인공위성을 만들어 쏘아 올려도 외부의 다른 것들 때문에 인공위성의 성능이 떨어지거나 고장이 나기도 한다. 우주를 떠도는 우주 쓰레기나 먼지, 지상보다 훨씬 강한 전자파나 운석 등이 인공위성에 안 좋은 영향을 주는 것이다.

하지만 최근에는 위성 개발 기술이 발전하여 위성의 수명이 계속 늘어나고 있다. 과거 1960년대 만들어진 위성의 경우 수명이 1년밖에 안 되는 위성이 많았으나, 현재는 수명이 15년을 넘는 위성들도 많다.

수명을 다한 인공위성은 어떻게 될까?

사람이 만든 모든 물건에는 수명이 존재한다. 우주에 떠 있는 인공위성도 영원할 수는 없다. 더구나 가혹한 환경에서 작동해야 하기 때문에 인공위성의 수명은 생각보다 그리 길지 않다. 짧게는 몇 초 길게는 몇 십 년 동안 작동되곤 하는데 이렇게 잘 작동하다가 수명이 끝난 인공위성의 운명은 어떻게 되는 것일까?

인공위성은 크게 지구위성과 탐사위성으로 나뉜다. 지구위성은 지구 궤도를 돌며 통신, 방송, 관측 등의 임무를 수행하며, 탐사위성은 지구를 떠나 다른 행성을 탐사하는 일을 한다.

지구 궤도를 돌다 수명을 다한 지구위성의 운명은 보통 불에 타 파괴되거나, 계속 그 궤도를 도는 것으로 나뉜다. 특히 저궤도 위성은 고궤도 위성보다 지구 인력의 영향을 많이 받기 때문에 대기권으로 다시 진입해 불에 타버리는 경우가 많다. 대기권으로 진입하지 않고 계속 궤도를 도는 인공위성은 우주를 떠도는 우주 쓰레기가 되거나, 다른 위성과 충돌하여 파괴되기도 한다.

우주 쓰레기가 된 인공위성은 앞으로 우주 개발을 할 때도 문제가 되

기 때문에, 크기가 큰 인공위성의 경우에는 수명이 끝나면 남아 있는 추진체로 지구 궤도 안쪽 대기권으로 밀어넣어 불타 없어질 수 있도록 하기도 한다.

우주선 중에서 이렇게 폐기된 것으로는 2001년 2월 수장된 러시아의 우주정거장인 '미르'가 있다. 러시아는 15년간 사용하던 우주정거장 미르를 폐기하기 위해 대기권 내로 미르를 떨어뜨려 일부는 불타고 나머지 잔해는 태평양 바닷속에 떨어질 수 있도록 조치했다.

지구 밖으로 간 우주 탐사선들의 운명은 어떻게 되는 것일까? 탐사선들은 특정 행성에 착륙해 탐사를 진행하기도 하고, 때로는 해당 행성의 대기에서 불타 사라지기도 한다.

하지만 우주 쓰레기로 떠돌거나, 행성의 대기권에서 소각되지 않고

우주선 안에서는 방귀 조심!

끝없이 우주 비행을 하는 탐사선도 있다. 1972년 3월에 우주 탐사 임무를 띠고 발사된 파이어니어 10호는 최초로 목성을 관측하는 데 성공한 탐사선이다. 파이어니어 10호는 2003년 1월 이후로 지구와 통신이 끊어진 채 태양계 밖으로 묵묵히 항해를 계속하고 있다.

1977년에 발사된 무인 우주 탐사선 보이저 1호와 보이저 2호 역시 태양계 탐사를 마치고 우주 저편으로 날아가며 탐사를 계속하고 있다. 이런 탐사선의 경우 태양계를 벗어나도 비행할 수 있도록 비행 궤도를 설정해 놓았기 때문에, 탐사선에 특별한 문제가 생기지 않는 한 영원히 우주 비행을 계속할 것이다.

우주에서 한마디

어제까지도 꿈이라 여겼던 것들이 오늘은 희망이 되고, 내일은 현실이 될 수도 있다.

로버트 고더드 | 어려서는 몸이 약해 침대에 누워 우주여행을 꿈꿨던 소년, 자라서는 우주선이나 인공위성을 발사하는 로켓을 만드는 과학자가 된 사람

하늘을 날고 싶은
오랜 꿈을 이루다

비행기:

사람이나 물건을 싣고 하늘을 비행할 수 있는 탈것.

오래전부터 인간은 새처럼 하늘을 날고 싶어 했다.

1783년 몽골피에 형제는 열기구로 하늘을 나는 데 성공했고,

1903년 라이트 형제는 최초로 동력 비행에 성공했다.

앞으로도 하늘을 나는 기상천외한 탈것들이 만들어질 예정이다.

세계 최초 비행기는 Made in Korea?

　세계 여러 민족의 신화에는 대부분 하늘을 나는 이야기가 등장한다. 그리스 신화에는 하늘을 날기 위해 날개를 만든 다이달로스가 있고, 인도 신화에는 하늘을 자유자재로 나는 탈것 비마나가 있다. 뉴질랜드의 마오리 족은 현재 지구인의 1퍼센트는 우파누이(베가, 거문고자리에서 가장 밝은 별로 동양에서는 직녀성이라고 부른다)에서 왔다고 믿으며, 일본의 아이누 족은 자신들의 조상이 신타라는 비행물체를 타고 지구에 왔다고 하며, 이누이트 족은 자신들의 조상이 거대한 쇠로 만든 새를 타고 북극으로 왔다고 믿고 있다.

　이처럼 하늘을 날고 싶다는 인류의 바람은 전설과 신화를 통해 나타나고 있다. 그리고 인류는 문명이 발전됨에 따라 그 꿈을 조금씩 실현해 나갔다.

15세기에 레오나르도 다빈치는 하늘을 날 수 있는 날개나 프로펠러 등을 고안했고, 1783년에 몽골피에 형제는 열기구에 사람을 태워 날아오르는 데 성공했다. 1849년에 조지 케일리는 글라이더를 만들어 열 살배기 소년을 태워 비행을 시도했으나 결과는 만족스럽지 못했다. 그리고 1903년 라이트 형제는 역사상 최초로 인간의 힘이 아닌 기계의 힘으로 움직이는 동력 비행기를 만들어 비행에 성공했다.

그렇다면 동양에서는 하늘을 날려는 시도가 한 번도 없었을까? 실제로 중국이나 우리나라의 기록을 보면 서양보다 더 오래전에 하늘을 난 기록들이 존재한다.

중국 진나라(BC221~BC206)의 갈홍이 쓴 『포박자』라는 책에는 비차에 대한 묘사가 있다. '대추나무의 속 부분에서 목재를 취하여 비차를

만들었는데, 소가죽 띠를 회전하는 날개에 연결하여 기계가 작동되게
했다…….'

또한 고대 중국의 역사서인 『사기』에 의하면 한나라(BC206~AC220)
의 천문학자요, 기술자였던 장흥이 '나무로 된 새'를 만들었는데, 배 속
에 어떤 기계 장치가 있어서 약 1,600미터를 날았다고 전해진다. 만약
이것이 사실이라면 동양은 서양보다 하늘을 난 역사가 근 2000년이나
앞서게 되는 것이다.

이런 기록은 중국뿐만 아니라 우리나라에서도 전해지고 있다. 조선
시대 실학자 신경준(1712~1781)이 쓴 『여암전서』를 보면 비차에 대한
기록이 남아 있다. 그 내용은 '임진왜란(1592~1598) 때 김제 사람 정평
구가 영남의 읍성이 왜적에게 포위되었을 때, 성의 우두머리에게 비거
의 법을 가르쳐 이것으로 3리(12킬로미터) 밖으로 날아가게 하였다.'라
는 것이다.

이 기록은 임진왜란에 대한 일본 측 기록인 『왜사기』에도 기록되어
있다. 왜사기에서는 '전라도 김제에 사는 정평구가 비거를 발명하여
1592년 10월 진주성 전투에서 사용하였다.'라고 기록되어 있다.

이후 실학자 이규경이 19세기 중엽에 쓴 『오주연문장전산고』에도
'임진왜란 때 정평구란 사람이 비차를 만들어 진주성에 갇힌 사람들을
성 밖으로 데리고 나왔는데, 그 비차는 3리를 날았다.'라고 기록되어
있다.

이 기록에는 비차의 정확한 그림이 없어 모양은 알 수는 없으나 그
비행 모습을 이렇게 기록하고 있다.

　'그 기술을 모방하려면 먼저 수레를 만들어 날개를 달고 그 안에 틀을 설치하여 사람이 앉게 한다. 수레에 탄 사람이 헤엄치는 것처럼 자벌레가 굽혔다 폈다 하는 것처럼 하여 바람의 기운을 낸다면, 두 날개가 저절로 떠올라 한순간에 천 리를 가는 기세를 발휘할 것이다.'

　용도나 비행 거리를 볼 때 비차는 바람을 타고 나는 일종의 '행글라이더'였던 셈이다. 비차가 실존했다면 이는 라이트 형제의 비행기보다 300년이나 앞선 것으로 세계 비행 역사를 바꿀 만한 발명품이다. 하지만 아쉽게도 부품이나 설계도가 남아 있지 않아 비차의 형태나 존재 여부를 확인할 방법은 없다. 그리고 비차를 발명한 정평구가 전투 중에 전사했기 때문에 제작 방법이 후세에 전해지지도 않았다.

하지만 이 추상적인 기록을 토대로 실제로 KBS 역사스페셜 팀이 당시의 재료인 대나무, 광목, 또 그 시대에 쓰였던 매듭을 사용하여 정평구의 비차를 복원하여 시험 비행해 보기도 했다. 그 결과 실제로 사람 한 명을 태우고 20미터 높이의 절벽에서 70미터를 비행해 화제를 모았다. 비차를 완벽하게 복원하지는 못했지만 비행에는 성공하여 정평구의 비차가 실제로 있었을 것이라는 가능성을 확인한 것이다.

하지만 정평구의 비차는 상세한 자료가 없어 인류가 하늘을 날기 위해 도전한 공식적인 기록으로 남기는 어렵다. 만약 정평구가 직접 비차의 설계도와 그 원리를 제대로 기록으로 남겼더라면, 우리나라는 세계 최초로 무동력 유인 비행에 성공한 나라로 기록될 수 있었을 것이다.

사람의 힘만으로 하늘을 난다고?

사람의 힘만으로 하늘을 날 수 있을까? 중세의 과학자 레오나르도 다 빈치는 그것이 가능하다고 생각했다. 그래서 날개를 만들어 달고 새처럼 날갯짓을 해 하늘을 날려고 했다. 하지만 성공하지는 못했다.

그 이후에도 사람의 힘으로만 하늘을 나는 '인력 비행'에 도전한 사람들이 있었지만, 오랜 세월 실패만 거듭했다.

하지만 제2차 세계대전이 끝날 즈음, '인력 비행'에 도전하겠다는 움직임이 다시 일기 시작해 1961년 11월에 최초의 인력 비행기가 등장했다. 영국의 사우샘프턴 대학교 학생 세 명이 섬팩(SUMPAC)호라는 비행

기를 만들어 1.8미터 높이까지 떠올라 64미터를 나는 데 성공한 것이다. 이후 1977년 일본에서는 2킬로미터 넘는 거리를 비행할 수 있는 인력 비행기를 만들었고, 1988년 미국에서는 세 시간 54분 동안 119킬로미터를 나는 인력 비행기도 등장했다.

2009년 말에는 우리나라 공군사관학교에서 제작한 인력 비행기가 약 1.7미터를 떠서 100미터 정도를 비행하는 데 성공했다. 이렇게 사람의 힘으로 하늘을 나는 인력 비행기의 원리는 무엇일까?

인력비행기는 자전거처럼 페달을 밟아 앞으로 나가고 하늘로 뜬다. 조종사가 두 발로 페달을 밟아 비행기 앞쪽 프로펠러를 돌리면 프로펠러가 돌아가면서 공기를 뒤로 밀어내게 되는데, 이것의 반작용으로 비행기가 앞으로 나가게 된다. 즉, 로켓이 발사될 때처럼 작용 반작용의

법칙이 적용되는 것이다.

만약 사람이 페달 밟는 일을 멈추면 비행기가 뜨는 힘이 줄어든다. 이 때문에 인력 비행기는 비행기를 타고 있는 사람의 체력이 좋아야 하는 것은 물론이고, 힘을 많이 들이지 않아도 쉽게 뜨고 날 수 있도록 가볍게 만들어야 한다. 그래서 인력 비행기의 재료로는 가벼우면서도 강도가 높은 나무, 폴리에스테르필름 등이 사용되고 있다.

현재 우리나라를 비롯해 미국, 영국, 일본, 독일이 인력 비행기 개발에 성공했다. 앞으로 연구가 더 진행된다면 연료 없이 페달만 밟으면 날 수 있는 비행기를 타고 학교나 슈퍼를 갈 수 있는 날도 오지 않을까.

배낭로켓을 메고 등교한다면?

늦잠을 자서 헐레벌떡 학교로 달려가지만 왠지 지각할 것 같다. 그런데 교실까지 꼭대기 층에 있다면 정말 울고 싶어진다. 이럴 때 책가방에 달린 로켓으로 슝 하고 날아올라 교실 창문으로 바로 들어간다면 얼마나 좋을까? 말도 안 되는 소리라고? 배낭로켓이 실제로 어디 있느냐고? 그런데 믿기 힘들겠지만 지금으로부터 50여 년 전 배낭로켓이 만들어졌었다.

1953년 미국의 항공우주회사인 벨 에어로시스템은 '벨 로켓 벨트'라는 이름의 배낭로켓을 만들었다. 이 로켓을 배낭처럼 등에 메면 시속 11~16킬로미터의 속도로 최고 9미터 높이까지 날 수 있다.

배낭로켓이 하늘을 나는 원리는 간단하다. 배낭로켓의 연료통에는 압축 질소와 과산화수소가 들어 있는데, 질소는 과산화수소를 엔진으로 밀어낸다. 엔진은 온도가 섭씨 740도에 이르기 때문에 엔진에 들어온 과산화수소는 바로 연소해 수증기로 변한다. 압력이 높아진 수증기는 노즐 밖으로 빠져나가며 로켓을 위로 들어올린다. 그렇게 로켓이 뜨면 분사구를 앞뒤로 조정해 공중에서 균형을 잡은 채 움직이면 된다. 하지만 배낭로켓은 사람이 멜 수 있을 만큼 가벼워야 하기 때문에 연료를 많이 담을 수 없어서, 계속 개발을 했음에도 불구하고 고작 21초 정도를 나는 데 그쳤다.

게다가 조종사는 연료통에 연료가 얼마나 남았는지 확인할 수 없기 때문에 특수 헬멧을 써야 한다. 헬멧에서 1초 간격으로 삑삑 하는 소리로 연료 소모량을 추측하고, 연료가 없어 추락했을 때 큰 사고를 막기 위해서이다.

조종사는 헬멧 외에도 소방수들이 입는 방화복처럼 열에 강한 소재로 된 옷을 입어야 한다. 분사구로 나오는 수증기의 온도가 높아 화상을 입을 수도 있고, 만에 하나 배낭로켓이 폭발했을 때를 대비하기 위해서이다.

이 외에도 배낭로켓은 착륙할 때가 문제다. 간단하게 조립된 구조인 만큼 엔진 출력을 서서히 낮춰 부드럽게 내려앉을 수 있도록 제작된 착륙 장치가 없기 때문이다. 그렇다고 낙하산을 사용하기에는 나는 높이가 너무 낮다. 결국 조종사들은 글라이더처럼 앞으로 달리며 착륙하거나, 양쪽 노즐 중 한쪽만 사용해 헬기처럼 회전하며 내리는 방법을 고안해 냈다.

벨 에어로시스템은 1960년대 이후에도 미군의 지원을 받아 배낭로켓의 비행시간을 늘리고 안전성을 높이는 등 기술을 발전시켰다. 1984년, 미국 LA올림픽 개막식에서는 배낭로켓을 멘 사람들이 올림픽 경기장으로 날아와 성화에 불을 붙였고, 미국 디즈니랜드에서는 종종 사람들에게 배낭로켓을 이용한 비행을 선보였다.

그 이후 벨 에어로시스템은 배낭로켓을 개량해 'RB2000 로켓 벨트'라는 새로운 배낭로켓을 제작했다. 과산화수소의 순도를 90퍼센트까지 높여 엔진의 출력을 높였고, 로켓의 재질도 가벼운 알루미늄이나 티타늄을 사용해 무게를 줄였다.

그 결과 연료를 기존의 19리터에서 23리터까지 담을 수 있게 되었고, 비행시간도 30초로 늘었다. 또 날 수 있는 최고 높이는 30미터로 늘었고, 속도도 시속 96킬로미터로 빨라졌다.

하지만 30초 비행으로는 민간 운송수단은 물론 군사 작전에도 사용하기가 쉽지 않아 이동 수단으로서의 효용성이 떨어진다는 지적을 받았다. 결국 미군이 더 이상 연구비를 지원하지 않기로 해 배낭로켓을 만드는 프로젝트는 끝나고 말았다.

배낭로켓은 관심을 끄는 재미있는 아이디어이기 때문에 지금도 영화나 만화에 자주 등장하지만, 실제로는 언제 다시 등장할지 알 수 없다. 배낭로켓을 타고 학교에 갈 수 있는 날은 언제쯤 올까?

하늘을 나는 호텔

단순한 비행선은 가라! 대형 화물칸부터 호화로운 객실까지 갖춘 미래형 비행선들이 주목을 받고 있다. 비행선은 큰 기구에 공기보다 가벼운 헬륨이나 수소 따위의 기체를 넣고 그 뜨는 힘을 이용하여 하늘을 나는 항공기다. 하늘에 둥둥 떠 있는 '기구'가 바로 비행선의 시초이다. 비행선은 비행기보다 먼저 발달되었으나 속도가 느리고 가스주머니가 커서 많은 면적을 차지하는 결점이 있다. 이 때문에 관광이나 화물 운송, 관측, 스포츠 등의 제한된 용도로 이용되어 왔다.

하지만 비행선은 정지하고 있어도 기체의 부력으로 공중에 떠 있을 수 있고 비행기보다 낮은 고도에서 비행이 가능해 관광에 적합하다는 장점이 있다. 이러한 장점에도 불구하고, 독일에서 제작된 거대한 비행 유람선 힌덴부르크가 1937년 폭발하면서 비행선은 점차 자취를 감추게 됐다.

하지만 최근 들어 여러 나라에서 다양한 미래형 비행선을 준비하고 있다. 비행기보다 화석연료를 덜 사용해 친환경적이며, 첨단 기술을 활용해 다양한 용도로 제작이 가능하기 때문에 미래형 항공기로 주목받고 있는 것이다.

그럼 어떤 미래형 비행선들이 만들어지고 있는지 살펴보자. 먼저 물건을 나르는 데 이용될 화물 비행선 '다이너리프터'가 있다. 다이너리프터는 선체 앞면과 중앙 날개에 달린 총 여덟 개의 프로펠러를 이용해 하늘을 난다. 기체의 부력만으로 공중에 뜨는 비행선과 조금 다른 셈이다. 다이너리프터에도 헬륨 가스는 채워져 있는데, 이 헬륨 가스는 비행선이 뜨는 데 힘을 보태는 역할을 한다. 따라서 프로펠러만 사용할 때와 비교해 약 20퍼센트의 힘만 들이면 떠오를 수 있다. 연료 사용량을 비행기의 3분의 1 수준으로 줄일 수 있는 것이다.

다이너리프터의 최대 속도는 시속 128킬로미터로, 항공기보다는 느리지만 배보다는 세 배 이상 빠르다. 이러한 장점은 도로 사정이 좋지 않아 육상으로 화물을 운송하기 힘든 곳에서 효과를 발휘할 것으로 기대된다.

또 다른 미래형 비행선으로는 마치 UFO의 모양을 본떠 만든 듯한 '로코모스카이너'가 있다. 로코모스카이너의 작동 원리는 일반 비행선

 우주선 안에서는 방귀 조심!

보다는 기구에 더 가깝다. 선체 내의 기
체를 가열해 부양력을 얻기 때문
이다. 여기에 선체 주위에 달려
있는 모터 네 개로 추진력을
낸다. 일반 비행선과 달리 비행
의 안정성을 확보하고 연료 효율
을 극대화할 수 있도록 선체를 UFO
모양으로 설계해 장거리 비행에 적합

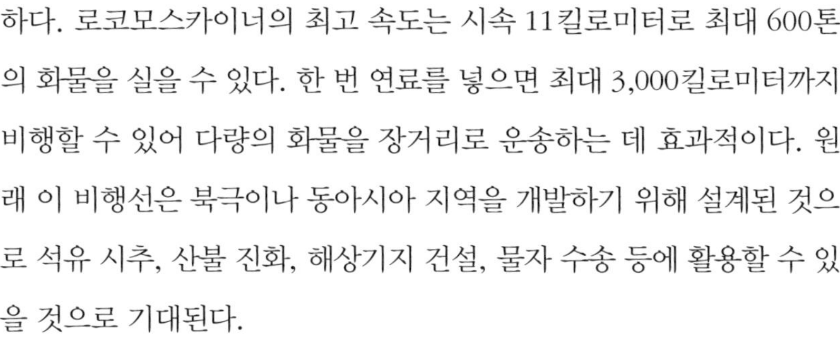

하다. 로코모스카이너의 최고 속도는 시속 11킬로미터로 최대 600톤
의 화물을 실을 수 있다. 한 번 연료를 넣으면 최대 3,000킬로미터까지
비행할 수 있어 다량의 화물을 장거리로 운송하는 데 효과적이다. 원
래 이 비행선은 북극이나 동아시아 지역을 개발하기 위해 설계된 것으
로 석유 시추, 산불 진화, 해상기지 건설, 물자 수송 등에 활용할 수 있
을 것으로 기대된다.

얼마 후면 하늘에 초호화 호텔이 떠다니는 꿈같은 일이 실제로 일어
날지도 모른다. 미국의 한 회사에서 개발한 비행선 '에어로스크래프트'
는 길이 197미터에 최대 250명을 태울 수 있는 하늘 위의 초호화 유람
선이다. 이 비행선 안에는 특급 호텔 수준의 객실은 물론 레스토랑, 바,
헬스클럽, 카지노 등이 자리한다.

이렇게 다양한 시설들을 비행선 내부에 꾸며 놓기 위해 약 4만 리
터의 헬륨 가스가 사용된다. 단, 헬륨은 전체 비행선 무게의 3분의 2
를 띄울 수 있는 힘을 제공하며, 나머지는 별도의 터보팬 제트 엔진

여섯 기의 도움을 받는다. 앞으로 나아갈 때에는 비행선 뒷면에 달린 거대한 프로펠러가 돌아가면서 추진력을 낸다. 이 프로펠러는 수소연료전지와 같은 신재생에너지로 동력을 얻기 때문에 소음이 적고 친환경적이다.

이 비행선의 최고 속도는 시속 280킬로미터로, 미국 대륙을 횡단하는 데 열여덟 시간 정도 걸린다. 기존 제트 여객기보다 세 배 정도 시간이 더 걸리지만, 제트 여객기보다 낮은 2,700미터 정도의 높이에서 비행하기 때문에 여유롭게 지상의 경치를 감상할 수 있다.

또 다른 비행선 호텔로는 '사람이 타고 다니는 구름'이라는 뜻의 '맨드 클라우드'가 있다. 프랑스국립항공우주연구소(ONERA)와 유명한 디자이너 장 마리 마소가 공동으로 개발 중인 이 비행선은 5만 2,000제곱미터 넓이에 최대 60명을 태울 수 있다. 또한 객실 60개와 레스토랑, 도서실, 헬스클럽, 스파 등이 들어설 예정이다.

이 비행선의 최고 속도는 시속 170킬로미터로, 6일이면 지구를 한 바퀴 돌 수 있는 속도다. 일반 비행선보다 빠른 속력을 낼 수 있는 까닭은 여섯 개의 터보 엔진과 첨단 공기 역학 설계 덕분이다. 또한 선체에는 얼음이 어는 것을 방지하는 장치도 설치되어 있어, 혹한 속에서도 끄떡 없이 비행할 수 있다. 맨드 클라우드는 빠르면 오는 2020년경 선보일 예정이다.

이 밖에도 현재 다양한 비행선들이 만들어지고 있다. 머지않은 미래에는 최첨단 비행선을 타고 여유롭게 세계 일주를 하는 것이 흔한 일이 될지도 모른다.

하늘을 나는 자동차? 아니 도로를 달리는 비행기!

영화 「제5원소」를 보면 주인공 브루스 윌리스가 자동차를 타고 하늘에 난 길을 돌아다닌다. 그 길에는 브루스 윌리스의 자동차뿐만 아니라 택시와 버스, 다른 자동차들도 보인다. ‘하늘을 나는 자동차’가 대중화된 시대다. 영화 「마이너리티 리포트」와 ‘해리포터 시리즈’에서도 하늘을 나는 자동차가 등장해 영화 속 볼거리를 다양하게 만든다.

지금은 신기하게 보이는 이런 장면들이 가까운 미래에는 현실로 다가올지도 모른다. 최근 미국의 벤처기업, ‘테라푸기어’에서 ‘비행기 겸 자동차'를 완성해 내놓았기 때문이다.

테라푸기어가 개발한 '트랜지션'은 겉에서 보면 소형 자동차에 날개를 붙인 모양으로 생겼는데, 이 날개를 접었다 폈다 할 수 있다. 날개를 펴면 하늘을 나는 비행기로, 날개를 접으면 도로 위를 달리는 자동차로 변신하는 기계인 셈이다. 버튼 하나만 누르면 약 30초 안에 자동차에서 비행기로 전환이 가능하다.

이 재미있는 기계를 개발한 사람은 미국 매사추세츠공과대학교 출신 칼 디트리히 박사다. 그는 2006년 매사추세츠공과대학교 비즈니스모델 경연대회에서 '도로를 달리는 비행기'를 사업 모델로 제출해 1위를 차지한 뒤 상금 3만 달러로 테라푸기어를 설립했다.

물론 비행기 겸 자동차에 도전한 것은 디트리히 박사와 테라푸기어가 처음은 아니다. 1949년에 미국의 에어로카인터내셔널사도 자동차에 날개와 프로펠러 엔진을 붙인 에어로카를 개발한 적이 있다. 하지만 에어로카는 속도가 느리고 안전성에도 문제가 있어 여섯 대만 만들었을 뿐 상용화되지 못했다.

이후에도 비행기 겸 자동차를 개발하려는 노력이 있었지만 크게 성공하지는 못했다. 자동차로 하늘을 날려고 한 까닭에 그리 안정적이지 못했기 때문이다. 하지만 트랜지션은 기존의 방식과 반대로 '비행기가 도로 위를 달릴 수 있도록' 설계되어 안정성이 높은 비행기 겸 자동차로 꼽히고 있다.

트랜지션이 하늘을 나는 원리는 보통 비행기와 같다. 유선형으로 생긴 비행기 날개의 윗면과 아랫면의 압력 차이 때문에 양력이 발생하고,

엔진에서 나오는 추진력 때문에 하늘에서 속도를 낼 수 있다. 트랜지션의 엔진은 하늘을 날 때는 뒤쪽에 있는 프로펠러와 연결되어 추진력을 내고, 땅 위에서 달릴 때는 앞바퀴 두 개와 연결되도록 만들어졌다.

프로펠러를 동체 뒤에 붙인 이유는 소음과 에너지 효율 때문이다. 프로펠러가 앞에서 돌아가면 비행기 앞의 공기 흐름이 빨라져 공기 저항도 강해지고 소음도 커진다. 이렇게 되면 도심에서 자동차로 사용하기 어려워지므로 프로펠러를 비행기 뒤에 달고, 프로펠러 좌우에 수직 꼬리날개도 배치해 소음도 줄인 것이다.

트랜지션의 비행 속도는 시속 185킬로미터, 주행 속도는 시속 105킬로미터 정도다. 또 한 번 연료를 넣으면 724킬로미터까지 이동할 수

있다. 연료는 항공유가 아닌 자동차용 무연휘발유다. 자동차로 전환할 때를 대비한 것이다. 연비는 휘발유 1리터당 약 13킬로미터를 이동할 수 있는 수준이다.

트랜지션은 항공유 대신 무연휘발유를 사용한다는 점에서 친환경적이다. 또 폭우나 태풍이 들이닥칠 때처럼 기상 상황이 좋지 않을 때에는 지상으로 내려올 수 있어 안전성도 높다. 평상시에는 날개를 접어 일반 주차장에 세워 놓을 수 있다는 것도 장점으로 꼽힌다.

하지만 트랜지션이 날기 위해서는 500미터 정도의 활주로가 있어야 하고, 트랜지션을 구입하거나 조종할 사람은 미국연방항공청에서 승인하는 경비행기 조종 자격증 이상의 자격증이 있어야 한다. 물론 도로에서 운전하려면 자동차 운전면허증도 필요하다.

자동차와 비행기, 두 가지 모습을 모두 가진 트랜지션은 미국 교통부에서 규제 예외 대상차로 승인을 받아 고속도로에서 달릴 수 있게 되었다. 2012년에 판매될 예정인 트랜지션의 가격은 약 2만 달러, 우리 돈으로 2억 1000만원 정도이며, 1만 달러를 내면 온라인으로 미리 예약 구매할 수 있다.

이제 조금만 더 기다리면 도로를 달리던 자동차가 접었던 날개를 펴고 경비행기로 변신하는 모습을 볼 수 있다. 앞으로 공상과학 영화에서 보았던 어떤 탈것들을 또 현실에서 만나게 될지 기대해 보자.

태양에너지로 하늘을 날다

2009년 12월 3일, 스위스 취리히 근처 뒤벤도르프 공군기지에서 최초의 태양에너지 비행기, '솔라 임펄스'가 날아올랐다. 솔라 임펄스는 400미터를 비행하는 데 성공했는데, 이 기록은 라이트 형제가 만든 최초의 동력 비행기 '플라이어' 1호가 비행한 260미터보다 훨씬 긴 거리다. 6년간 솔라 임펄스 프로젝트를 진행한 스위스의 모험가 베르트랑 피카르는 하늘로 떠오른 비행기를 보며 감격했다.

이 프로젝트를 진행한 피카르는 1992년 대서양 횡단 기구 경주에서 우승하고, 1999년에 열기구로 세계 일주에 성공한 인물이다. 피카르는 즐겁게 모험했지만 기구를 띄우는 데 가스를 무려 4톤이나 사용했다는 사실을 알고 괴로워했다. 가스는 현재 지구에서 사라지고 있는 화석연료인 데다, 온실가스를 만들어 환경을 오염시키기 때문이다. 그래서 피카르는 에너지를 적게 쓰면서 환경 오염 없이 비행할 방법을 고민하다가 '태양에너지 비행기'를 떠올리게 됐다.

피카르가 2003년에 처음으로 태양에너지 비행기를 만들고자 했을 때는 그저 단순한 아이디어 수준이었다. 하지만 에너지와 환경 오염 문제에 공감한 과학자들과 스위스 기업이 이 프로젝트에 참여하게 되면서 '기름 한 방울 쓰지 않고 지구를 한 바퀴 돌겠다'는 피카르의 꿈이 현실로 이뤄지기 시작했다.

피카르가 구상한 태양에너지 비행기는 날개 전체에 태양 전지판을 붙여 태양열을 전기에너지로 바꿔 하늘을 나는 것이었다. 그래서 솔라 임펄스는 양 날개에 태양 전지판 1만 2,000개를 장착해, 평균 6킬로와트의 전기를 생산할 수 있게 제작되었다. 이렇게 전기에너지를 만들어 프로펠러를 돌려 비행기를 띄우고, 남은 에너지는 리튬전지에 저장해 태양이 없는 밤에도 운항할 수 있게 하는 것이다.

솔라 임펄스의 날개 길이는 63.4미터로 비행기 몸체에 비해 긴 편인데, 그 이유는 날개가 길수록 태양 빛을 받기에 유리하기 때문이다. 솔라 임펄스의 전체 무게는 자동차와 비슷한 1.6톤 정도로, 몸체를 비롯해 모든 부품이 아주 작고 가볍다. 이것은 무게가 많이 나갈수록 소모되는 에너지가 많기 때문에 가벼운 소재를 사용해 전력 소모를 줄이려 한 것이다. 그래서 '솔라 임펄스'는 거대한 크기에 비해 무게는 아주 가벼운 비행기로, 에너지를 적게 사용하면서 하늘을 날 수 있는 장점을 가진다.

솔라 임펄스는 해가 뜨면 3,000미터에서 조금씩 상승해 최대 1만

2,000미터까지 올라갔다가, 날이 어두워지면 다시 3,000미터로 내려오며 비행한다. 햇빛의 세기에 따라 고도를 조절함으로써 낮에는 최대한 많은 전력을 생산하고 밤에는 전력 소비를 최소화하기 위함이다. 또 높은 고도에서 낮은 고도로 내려올 때는 글라이더처럼 공기의 흐름을 타고 미끄러져 내리므로 에너지 소비를 최소화할 수 있다.

2011년 6월 솔라 임펄스는 벨기에 브뤼셀을 출발해 열여섯 시간의 비행 끝에 파리에 도착하는 데 성공했다. 이어 2012년경에는 지중해 왕복 비행에, 2014년에는 세계 일주에 나설 예정이다. 만약 이 프로젝트가 성공할 경우 친환경 항공기로 세계 일주를 하고자 했던 피카르의 꿈이 이뤄지는 것이다.

물론 솔라 임펄스가 성공적으로 시험 비행을 마치긴 했지만, 그것만으로 온실가스를 전혀 배출하지 않는 친환경 교통수단이나 초절전형 개인 항공기의 대중화를 생각하기에는 아직 이르다. 솔라 임펄스의 평균 시속은 70킬로미터 정도로 일반 비행기에 비해 많이 느리고, 제작비도 비싸기 때문이다.

하지만 항공기 날개에 충전되는 아주 작은 태양에너지로 세계를 여행할 수 있다는 사실은 기술의 발전이 에너지 절약에 얼마나 큰 도움이 되는지를 알려 주는 것이다. 그리고 그런 이유 때문에 6년간 70명의 팀원이 참여해 연구 개발을 진행한 '솔라 임펄스 프로젝트'의 앞날이 기대를 모으고 있다.

그리스 신화 속 이카로스는 하늘을 나는 꿈을 이루기 위해 밀랍으로 붙인 날개를 달고 하늘로 날아오르다 뜨거운 태양에 밀랍이 녹아 바다로 떨어지고 말았다. 하지만 솔라 임펄스는 '이카로스'의 방법과는 달리 태양에너지를 흡수해 하늘로 날아오른다. 인간은 이제 자연을 해치지 않고 최대한 활용하면서 발전할 수 있는 방법을 생각해 내고 있다.

그렇다면 당신은 갓 태어난 아기가 무슨 목적으로 이 세상에 태어났는지 설명할 수 있겠소?

몽골피에 형제 | 열기구를 띄우는 데 성공했다고 해서 무슨 목적이 달성되느냐고 한 과학자가 묻자 몽골피에 형제가 대꾸한 말

지구 어디든 두 시간이면 도착하는 '극초음속' 여행

"승객 여러분 안녕하십니까? 오늘도 저희 카리 에어라인을 이용해 주셔서 감사합니다. 이 비행기는 잠시 후 인천공항을 출발해 극초음속으로 하늘을 날아 두 시간 뒤에 미국 로스앤젤레스에 도착할 예정입니다. 오늘은 2014년 1월 17일, 로스앤젤레스의 현재 기온은 2도입니다. 편안한 여행 되시기 바랍니다."

1903년 미국의 라이트 형제가 제작한 플라이어 1호가 비행에 성공한 뒤 100여 년이 지났다. 그 당시만 해도 비행기의 속도는 지금의 자동차보다 느렸지만 이제는 마하, 즉 음속의 몇 배인가로 속도를 표시한다.

예를 들어 인천공항에서 로스앤젤레스까지 날아가는 데 반나절 정도 걸리는 대형 비행기는 마하 0.9, 지금은 운행하지 않는 초음속 비행기 콩코드는 마하 2, F-15나 F-16 같은 전투기는 마하 2.5로 속도를 나타낼 수 있다. 마하 1은 시속 약 1,224킬로미터로 서울에서 부산까지 20분 만에 갈 수 있는 속도다. 하지만 마하 10의 속도로 하늘을 나는 극초음속 비행기가 등장하면 서울에서 부산을 2분 만에 갈 수 있다. 자, 그럼 극초음속 비행기를 타고 인천공항에서 로스앤젤레스까지 여행을 떠나 보자.

극초음속 비행기는 빠른 속도로 인해 생기는 공기의 저항을 견디기 위해 크기가 작다. 길이는 5미터도 안 되고 탑승 인원도 고작 서너 명

> **음속**
> 소리가 전파되는 속도. 기온이 15도이고 1기압일 때 공기 중의 음속은 초속 340미터(시속 1,224킬로미터)인데, 온도가 1도 높아지면 초속이 약 0.6미터씩 증가한다. 음속보다 빠르면 초음속이라고 이야기한다.

정도다. 기술이 발전해도 현재로서는 40미터 정도 길이에 10~15명이 탑승할 수 있는 크기가 최대다. 이 비행기의 핵심은 초음속 연소 램제트 엔진이다.

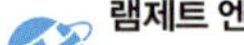

비행기가 초음속으로 날면 엔진의 흡입구로 공기가 초음속으로 들어오면서 흡입구 앞에 V자 모양의 충격파가 생긴다. 이 충격파는 공기를 압축해 엔진으로 들어가는 공기의 압력과 온도를 높인다.

마하 10으로 날면 공기의 온도는 1,700도까지 올라가게 되는데, 여기에 수소 연료를 분사하면 압축 공기와 함께 폭발해 엔진 뒷부분으로 나가며 강한 추진력을 발생시킨다. 초음속으로 날기 시작하면 램제트 엔진은 자동으로 연료가 연소하기 때문에 속도를 높이기 쉽다. 일단 마하 5의 속도에 도달하면 마하 7~10의 속도로 계속 비행할 수 있다. 램제트 엔진은 길이가 2.3미터로 꽤 길어서 비행기 전체 길이의 절반 정도를 차지한다.

극초음속 비행기는 활주로를 이륙해 고도 32킬로미터에 도달하면 램제트 엔진으로 수소 연료를 태워 고도 64킬로미터까지 마하 8~10의 속도로 솟구치듯 하늘을 난다. 이때 날아가는 거리는 전체 비행 거리의 약 4분의 1 정도다.

나머지 4분의 3은 관성과 중력을 이용한다. 고도 64킬로미터에 도달하면 램제트 엔진을 끄고 날아가던 관성을 이용해 계속 하늘을 날고, 그다음에는 로스앤젤레스에 착륙할 때까지 중력을 이용해 땅으로 떨어지

듯 비행을 한다.

혹시 급하게 가속할 때 고통을 느끼지는 않을까? 이륙과 착륙을 할 때는 서서히 속도를 조절하므로 별다른 고통은 느낄 수 없다. 다만 비행하는 동안 시소를 타듯 오르락내리락하는 기분을 느끼게 되므로 멀미를 할 수 있고, 날다가 땅으로 하강할 즈음에는 얼마 동안 무중력 상태를 체험하게 된다. 무중력 상태가 되면 바이킹이나 자이로드롭을 탈 때처럼 몸이 위로 쏠리는 기분을 느끼게 되므로 이런 놀이기구를 싫어한다면 극초음속 여행이 조금은 힘들 수 있다.

마하 10의 속도로 나는 이 비행기를 타면 인천공항에서 로스앤젤레스까지 한 시간에 갈 수 있지만, 이륙 시간과 착륙 시간이 각각 30분 정도 걸리기 때문에 실제로는 두 시간 정도 걸린다. 이론상으로 극초음속 비행기의 최대 비행 속도는 마하 15인데, 만약 마하 15로 하늘을 난다면 지구 반대편도 두 시간이면 도착할 수 있다. 과학자들은 2030년대 후반에는 지금의 항공기보다 일고여덟 배 많은 화물을 싣고도 태평양을 두 시간 만에 횡단할 수 있는 극초음속 비행기가 등장할 것으로 예상하고 있다.

현재 미국, 호주, 유럽에서는 각각 극초음속 비행기를 개발하고 있다. 미국은 하이퍼-X라는 극초음속 프로젝트를 진행해 극초음속 비행기 X-43A를 만들었고, 호주는 '하이샷 프로젝트', 유럽은 '랩캡 프로젝트'를 진행하고 있다. 특히 호주가 주도하는 하이샷 프로젝트에는 우리나라의 여러 연구 기관도 참여해 초음속 연소 램제트 엔진(스크램제트 엔진)을 개발하고 있다.

극초음속 비행기로 세계 곳곳을 방문하는 '극초음속' 여행을 한다면, 언젠가는 '80일간의 세계 일주'가 아니라 '80분 만의 세계 일주'도 가능하지 않을까. 물론 바이킹이나 자이로드롭을 무서워하지 않는다면 말이다.

우주에서 한마디

진정한 장벽은 하늘 위에 존재하는 게 아니라 인간의 지식과 경험 속에 존재한다.

찰스 척 예거 | 1947년 최초로 초음속 비행에 성공해 불가능할 것이라는 당시의 고정관념을 깨버린 조종사

우주선 안에서는 방귀 조심!

하늘길은 몇 차로일까?

자동차가 다니는 도로는 왕복 2차로부터 통행량이 많은 곳에서는 왕복 16차로까지 다양하다. 그렇다면 비행기가 다니는 하늘길은 어떨까? 알고 보면 하늘길도 오가는 길이 따로 정해져 있고, 통행량이 많은 곳도 있다. 그렇다면 하늘길도 자동차 도로처럼 여러 차로로 되어 있을까?

정답부터 말하자면 그렇다. 지상의 차도는 대부분 하나의 층으로 되어 있다. 반면 하늘길은 일정한 폭과 일정한 높이를 가지는 상자 모양의 터널처럼 되어 있다.

비행기도 자동차처럼 출발 공항에서 목적지 공항까지 여러 개의 차로, 즉 항공로를 이용할 수 있다. 또 같은 항공로를 이용할 때는 비행기끼리 출발 시간을 달리하기 때문에 서로 겹치지 않고 안전하게 비행할 수 있다. 그렇다면 항공로는 어떻게 결정되는 것일까?

우선 우리나라 항공로의 최저 비행 고도는 약 8,000피트(약 2,438미터)다. 따라서 그 이상의 고도에서만 항공로를 이용할 수 있게 된다. 항공로의 차로 즉, '비행 층수'는 비행기가 비행하고자 하는 비행 방향으로 결정된다. 지구 자기장의 북극인 자북을 기준으로, 출발지에서 목적지로 향하는 비행 방향이 0~179도 안에 포함되면 보통의 경우 8,000피트 이상 천 피트 단위의 홀수 고도에서 비행하고, 180~359도까지는 천 피트 단위의 짝수 고도에서 비행하도록 정해져 있다.

김포공항에서 제주공항으로 비행하는 비행기를 예로 들어 보자. 김포에서 출발하는 항공기의 비행 방향은 자북을 기준으로 하면 약 190도 정도다. 이 경우 2만 피트, 2만 2,000피트, 2만 4,000피트 순으로 천 피트 단위의 짝수 고도로 비행하게 된다. 반대로 제주공항에서 김포공항으로 비행하는 경우 비행 방향이 약 10도 정도가 돼야 하기 때문에 2만 1,000피트, 2만 3,000피트, 2만 5,000피트 순의 1,000피트 단위의 홀수 고도에서 비행한다.

하루에도 수천 대의 항공기가 안전을 위해 질서정연하게 비행한다. 지상의 도로와 마찬가지로 하늘길에도 일정한 교통 규칙이 있기 때문이다. 만약 비행기가 정해진 항로를 따르지 않고 조종사 마음대로 운항한다면, 자동차 사고와는 비교도 안 될 정도로 큰 인명, 재산 피해가 생길 수 있다. 따라서 비행기 조종은 그야말로 엄격한 규정 준수가 필수적이다.

물고기로 비행기를 만든다고?

밥상에 올라와 맛있는 반찬이 되거나, 수족관에서 아름답게 헤엄치는 물고기. 이런 물고기에서 비행기를 만드는 재료가 나올 수 있을까? 호주의 한 과학자가 물고기에서 비행기 재료를 찾을 수 있다고 주장해 관심을 끌었다. 어떤 물고기에서 어떤 부분을 사용해 단단한 비행기 몸체를 만든다는 것일까?

비행기가 하늘을 날기 위해서는 재료가 가볍고 단단할수록 좋다. 그래서 오늘날에는 '탄소섬유'라는 물질로 비행기를 만들고 있다. 탄소섬유는 강철보다 다섯 배 정도 가볍고, 열 배 정도 단단해 비행기를 만들기에 좋다.

호주 퀸즐랜드공과대학교의 존 배리 교수는 비행기를 만드는 재료인 탄소섬유보다 더 좋은 재료를 물고기에게서 찾을 수 있다고 주장했다. 바로 물고기의 이빨을 이루는 '상아질'이다. 배리 교수는 특히 '폐어 (lung fish)'라는 물고기의 이빨이 좋은 재료가 될 것이라고 설명했다. 폐어의 이빨이 왜 좋은 재료라는 것일까?

폐어는 부레를 폐처럼 사용해서 숨 쉴 수 있는 물고기를 말한다. 개구리와 두꺼비 같은 양서류, 뱀과 악어 같은 파충류의 조상이라고 알려져 있기도 하다. 폐어는 공룡보다 먼저 지구에 나타났고, 물과 땅 어디에서든 살 수 있다. 오랜 시간이 흐르는 동안 다른 동물들은 조금씩 변했지만 폐어는 옛날의 모습을 그대로 가지고 있다. 이빨 구조도 그대로다. 따라서 복잡하게 변한 다른 물고기보다 연구하기에 좋다.

폐어의 이빨을 이루는 물질은 대부분 상아질이다. 원래 상아질은 아주 무르고 약한 물질이지만, 이빨이 될 때는 아주 단단하게 변한다. 이빨을 이루는 알갱이의 구조가 달라지기 때문이다. 똑같은 알갱이들이라도 어떤 모양으로 놓이는지에 따라 다른 성질을 가지기 때문이다. 연필심과 다이아몬드가 모두 탄소로 만들어지지만 강도가 다르다는 점을 생각하면 쉽게 이해할 수 있다.

배리 교수팀은 폐어의 이빨을 이루는 상아질을 본 딴 알갱이의 구조를 만들어 여러 방향에서 힘을 주는 실험을 해보았다. 그 결과 어떤 방향에서 힘을 줘도 견뎌 냈다. 탄소섬유가 몇몇 방향에서 주는 힘에 약하다는 점을 생각해 보면 폐어의 이빨 구조가 비행기 재료로 더 좋다고 볼 수 있다.

폐어 이빨의 상아질 알갱이가 이루고 있는 구조를 이용하면 탄소섬유보다 훨씬 가볍고 단단한 재료를 만들 수 있을지도 모른다. 더 가볍게 더 단단하게, 비행기의 진화는 계속되고 있다.

비행기는 산타 할아버지를 따라잡을 수 있을까?

크리스마스 하면 제일 먼저 떠오르는 사람은? 아마 아이들에게는 산타 할아버지일 것이다. 크리스마스가 되면 많은 아이들이 루돌프 사슴이 끄는 썰매를 타고 와서 선물을 주는 산타 할아버지를 기다릴 것이다. 그런데 어린이도 아니면서 산타 할아버지를 기다리느라 밤을 꼬박 지새우는 어른들이 있다. 바로 북미항공우주방위사령부 노라드(NORAD : North American Aerospace Defence Command)의 과학자들이다.

노라드는 미국과 캐나다가 함께 만든 곳으로, 하늘에 떠 있는 항공기나 우주의 인공위성을 관찰하는 곳이다. 하늘이나 우주에 위험한 물체가 보이면 빠르게 대처를 하기 위해서다. 노라드는 전 세계의 항공기와 인공위성을 동시에 관찰할 수 있는 대단한 실력을 갖추고 있고, 미국과 캐나다 지역으로 오는 모든 항공기와 항로를 1년 365일, 하루 24시간 내내 살피고 있다.

매년 12월 24일 밤 12시가 되면 노라드에 있는 과학자들은 더욱 긴

장한다. 북극에서 나타난 비행체가 빠른 속도로 전 세계 하늘 위를 날아다니기 때문이다. 이 비행체는 지구에 있는 그 어떤 항공기보다 빠르게 날아다니기 때문에 이 비행체가 어디로 가는지 알고 있어야 다른 항공기와 부딪치는 것을 막을 수 있다. 엄청 빠른 이 비행체는 대체 무엇일까? 이 비행체의 정체는 바로 24일 밤 선물을 배달하러 다니는 산타 할아버지의 썰매다. 1년 동안 전 세계 어린이를 지켜보다가 착한 어린이만 골라서 12월 24일 밤에 선물을 전해 주는 것이다.

대체 산타 할아버지의 썰매가 얼마나 빠르기에 노라드에 있는 과학자들이 긴장하는 것일까?

우선 산타 할아버지가 타고 다니는 썰매의 무게부터 살펴보자. 국제연합(UN)의 아동기금(유니세프)에서 나온 자료를 보면, 전 세계 인구 가운데 18세 미만의 어린이 및 청소년의 수는 약 22억 1300만 명이다. 이 중에서 선물을 받을 수 있는 착한 일을 많이 한 아이가 전체 어린이의 3분의 2 정도 된다고 생각해 보자. 그러면 선물을 받을 어린이는 약 14억 7000만 명 정도다.

선물 하나의 무게를 최소 500그램이라고 생각한다면, 산타 할아버지가 썰매에 실어야 하는 선물 무게만 해도 73만 5,000톤이다. 이 정도 무게를 하늘로 띄우려면 아주 강력한 엔진을 가진 썰매가 필요하다.

오늘날 지구에서 가장 강한 제트 엔진은 제너럴 일렉트릭사의 GE90-115B이다. 이 엔진은 주로 거대한 항공기에 사용되는데, 이 엔진 하나로 52톤의 물체를 하늘로 올릴 수 있다. 만약 이 엔진으로 산타 할아버지의 썰매를 움직이려면 엔진이 약 1만 4,000개 필요하다. 이 엔진의

지름은 4미터 정도인데, 이것을 썰매에 달아 한 줄로 쌓으면 높이가 약 56킬로미터가 된다. 63빌딩(높이 249미터)을 224개 이상 쌓은 것과 같은 엄청나게 큰 엔진이 필요하다는 이야기다.

산타 할아버지의 썰매가 낼 수 있는 속도는 얼마나 될까? 산타 할아버지가 12월 24일 밤 12시부터 25일 아침 6시까지 선물을 모두 배달해야 한다면, 배달 시간은 여섯 시간밖에 없다. 하지만 지구가 팽이처럼 돌고 있기 때문에 산타 할아버지는 시간을 더 벌 수 있다. 지구가 도는 방향을 따라 빠르게 이동하면 계속 같은 시간에 머무를 수 있기 때문이다. 예를 들어 호주의 서쪽에서 새벽 3시에 선물을 주고 한 시간 안에 우리나라로 이동한다고 해보자. 그러면 시계는 여전히 새벽 3시를 가리키고 있을 것이다. 지구가 도는 만큼 산타 할아버지도 지구를 따라 돌았기 때문이다. 만약 산타 할아버지가 이 점을 이용한다면 24시간을 더 얻을 수 있다. 그렇게 되면 총 서른 시간 동안 전 세계에 선물을 배달할 수 있게 된다.

선물을 받을 아이들 사이의 거리가 평균 약 100미터라고 가정한다면, 산타 할아버지가 이동해야 하는 거리는 약 1억 4700만 킬로미터다. 서른 시간 내에 1억 4700만 킬로미터를 이동해야 한다면, 산타 할아버지의 썰매는 한 시간에 490만 킬로미터를 달려야 한다. 이 속도를 소리의 속도인 마하로 바꿔 계산하면, 마하 4,000이라는 어마어마한 빠르기가 나온다.

지금까지 만들어진 항공기 중에 가장 빠른 항공기는 미국항공우주국에서 제작한 X-43A으로, 마하 9.8의 빠르기로 비행한다. 이 점을 생각하면 산타 할아버지의 썰매가 얼마나 빠른지 짐작할 수 있다. X-43A보다 무려 400배나 더 빠르게 하늘을 날 산타 할아버지의 썰매를 현재 지구에 있는 항공기로는 도저히 따라잡을 수 없지 않을까.

물론 실제로 산타 할아버지가 썰매를 타고 날아다니는 것을 본 사람은 없다. 단지 노라드 과학자들이 전 세계 어린이들의 꿈을 위해 산타 할아버지의 썰매가 지나다니는 신호를 찾는 것뿐이다. 매년 크리스마스 무렵 '노라드 산타를 추적하다'(www.noradsanta.org) 홈페이지를 방문하면 산타 할아버지의 썰매가 어디로 움직이고 있는지 확인할 수 있다.

비록 산타 할아버지를 직접 볼 수는 없지만 노라드가 찾는 신호를 살펴보면서 '올해는 산타 할아버지가 우리 집에 다녀갔구나' 하고 상상해 보면 어떨까. 산타 할아버지의 썰매가 어디로 이동할지를 상상해서 어린이들의 꿈을 키워 주는 과학자들, 혹시 이 사람들이 진짜 산타 할아버지는 아닐까?

90초 안에 비행기에서 탈출하라!

"여러분에게는 90초의 시간이 주어집니다. 비상 탈출 표시등이 켜지면 승무원의 안내를 잘 따라주시기 바랍니다. 여러분의 신속한 행동에 따라 이 비행기의 운항 여부가 결정됩니다. 자, 그러면 지금부터 시작하겠습니다."

2007년 4월, 세계 최대의 여객기인 에어버스의 A380 앞에 800명이 넘는 사람들이 몰렸다. 사람들은 차례로 비행기에 올라타 안전벨트를 맸다. 잠시 후 비상등에 불이 켜지자 이들은 승무원의 안내에 따라 비행기를 빠져나갔다. 87초 후 비행기에 올라탔던 사람이 모두 내리자 박수 소리와 함께 환호가 울려 퍼졌다. A380 비행기가 '탈출 시간' 시험에 통과했기 때문이다.

새로운 항공기 하나가 제작되어 사용되기 위해서는 수많은 시험과 검증을 거쳐야 한다. 수십 명에서 수백 명에 이르는 사람을 태워 하늘을 날기 때문에 어떤 위험한 일이 벌어질지 장담할 수 없어 미리 대비하기 위해서이다. 비상시를 대비해 탈출하는 시간을 점검하는 일도 승객의 안전을 위해 꼭 확인해야 할 항목 중 하나다.

비행기가 공중에서 폭발하거나 테러를 당하는 경우를 제외하면, 사고가 날 확률이 제일 높은 때가 바로 이륙과 착륙을 할 때다. 이때에는 사고가 나도 비행기가 완전히 폭발하는 경우가 드물어 지상에 불시착하는 경우가 많다. 이때 빨리 탈출할 수 있어야 많은 생명을 구할 수 있다. 탈출 시간을 시험하는 것은 바로 이를 검증하기 위한 것이다.

이 시험에서 승객은 기내 비상등을 제외한 전원이 꺼지고, 비상구는 절반만 열리는 상태에서 90초 안에 탈출해야 한다. 이때 여성 승객의 비율도 40퍼센트 정도로 유지해야 한다. 만약 시간 내에 승객과 승무원이 탈출하지 못하면 그 항공기는 상업적으로 운항할 수 없다. 탈출하는 데 시간이 많이 걸리면 걸리는 만큼 더 많은 사람의 생명이 위태로울 수 있기 때문이다.

90초는 항공기에 화재가 날 경우를 대비해 설정한 기준이다. 항공기 화재는 순식간에 번져 한꺼번에 많은 생명을 앗아갈 수 있기 때문에 90초라는 짧은 시간을 시험 시간으로 정한 것이다. 참고로 조종사는 승객이 모두 탈출한 것을 확인한 뒤 가장 늦게 탈출해야 한다.

비행기에 벼락이 쳐도 안전한 이유

영화나 SF 드라마를 보면, 하늘을 날고 있는 비행기가 벼락을 맞은 후 폭발하면서 추락하는 장면들이 나온다. 정말 비행기에 벼락이 떨어지면 영화에서처럼 폭발할까? 다행스럽게도 영화는 영화일 뿐 현실은 그렇지 않다.

비행기는 전도성이 강한 알루미늄으로 되어 있어 만약 벼락을 맞으면 전기는 둥근 비행기의 몸체를 타고 비행하는 방향의 반대 방향으로 흐르게 된다. 그러다 꼬리까지 도달하게 되면 비행기 몸체 밖으로 흘러나가기 때문에 비행기나 비행기에 탄 사람들에게 큰 해를 끼치지 않는다.

다만, 비행기에 벼락이 떨어지면 순간 강한 전압이 발생해 주요 전자 회로를 태워 버릴 수 있는 가능성이 있지만 이것 또한 걱정할 필요가 없다. 비행기에는 이런 사고를 대비해 전류나 전압이 순간적으로 변하면 자체적으로 이를 억제하는 장치들이 장착되어 있기 때문이다.

그렇다면 비행기는 얼마나 자주 벼락을 맞을까? 미국의 상용 항공기의 경우 보통 1년에 1회 이상 번개를 맞는다고 하는데, 이로 인한 사고 접수는 보고된 바 없다. 비행기에 벼락이 떨어질까 봐 무서워 비행기 타기를 겁내는 사람이 있다면 이제 안심해도 되지 않을까.

비행기 엔진 하나가 꺼진다면?

만일 비행기를 타고 태평양을 건너던 중 갑자기 엔진 하나가 꺼져 버린다면 어떻게 될까? 바다 한가운데서 꼼짝없이 멈춰 버리는 건 아닐까, 균형을 잃고 한순간에 바닷속으로 곤두박질치는 건 아닐까, 이런 끔

찍한 생각들이 꼬리에 꼬리를 물고 떠오를 것이다.

하지만 이런 생각은 '쓸데없는 걱정'에 불과하다. 비행기는 한쪽 엔진이 꺼지더라도 남은 엔진으로 가까운 비행장까지 날아갈 수 있도록 설계되었기 때문이다. 실제로 비행기 엔진이 꺼져서 추락한 사례는 찾아보기 힘들다.

비행기에는 보통 두 개 혹은 네 개의 엔진이 날개 양쪽에 달려 있다. 엔진을 두 개 단 비행기는 주로 중·단거리 비행에, 엔진을 네 개 단 비행기는 태평양이나 대서양을 건너는 장거리 비행에 사용된다. 비행기들은 운항 중 한쪽 엔진이 꺼지면 자동적으로 반대쪽 엔진이 최대의 추진력을 내도록 설계되어 있다.

그렇다면 엔진 한 개로 운항할 수 있는 거리는 얼마나 될까? 보통 180~200킬로미터 정도로 가까운 공항을 찾아 비상 착륙할 수 있는 거리다. 특히 최근 나오는 첨단 항공기들은 엔진 두 개만으로도 태평양을 거뜬히 건널 수 있도록 안전하게 설계되어 나온다. 따라서 엔진이 하나 정도 꺼져도 별 무리 없이 운항할 수 있다.

만일 엔진 하나가 아니라 전부 작동하지 않는다 해도 크게 걱정할 필요는 없다. 조종사들은 혹시라도 일어날 가능성에 대비해 비행기 엔진을 모두 끄고 활공으로 착륙하는 훈련을 수없이 반복하기 때문이다. 글라이더처럼 활공으로 착륙할 경우 속도는 약간 빨라지지만 안전에는 큰 지장이 없다고 하니, 비행기 엔진이 꺼진다 해도 크게 걱정할 필요는 없다.

왜 비행기를 타고 우주로 갈 수 없을까?

우리나라 공군의 최신 주력 전투기는 F-15K로 현존하는 F-15 계열 전투기 가운데 가장 상위 기종으로 가장 강력한 공격력을 자랑한다. F-15K의 자체 무게는 약 2만 411킬로그램이며, 자체 무게를 포함해 최대 3만 6740킬로그램까지 중량이 더해져도 이륙할 수 있다. F-15K는 음속의 두 배가 넘는 시속 2,815킬로미터의 속도까지 낼 수 있다. 그런데 이렇게 빠르고 강력한 비행기라면 중력을 뚫고 우주로 나갈 수도 있지 않을까? 하지만 비행기는 우주로 나갈 수 없다.

그 첫 번째 이유는 엔진 때문이다. 비행기의 제트 엔진은 외부의 공기를 빨아들여 연료를 연소하며 추진력을 내기 때문에 외부의 공기가 없으면 시동이 걸리지 않는다. 보통 비행기는 대류권과 성층권 부근을 비행하는데, 성층권 이상을 넘어가게 되면 공기의 밀도가 희박해 연료를 연소시킬 수 없다. 이 때문에 성층권 이상의 고도에서는 별도의 산소 탱크가 있어야 비행이 가능하다. 이런 이유로 미국에서는 별도의 산소 탱크가 있어야만 비행할 수 있는 한계 고도인 80킬로미터를 넘어야만 우주 비행사라는 칭호를 부여한다. 반면, 국제항공연맹은 고도 100킬로미터를 기준으로 한다.

비행기가 우주로 날아갈 수 없는 두 번째 이유는 비행 속도 때문이다. 우주선이 우주로 날아가기 위해서는 지구의 중력을 벗어나기 위해 엄청난 속도를 내야 한다. 그런데 우리가 보기에는 엄청나게 빠른 비행기도 지구의 중력을 벗어나기에는 턱없이 느리다. 우주선이 지구 궤도에 안착하기 위해서 내어야 하는 평균 속도는 대략 시속 2만 8,000킬로미터이다. 이 수치를 마하로 환산하면 마하 22.3정도가 된다. 현재까지 개발된 가장 빠른 비행기는 미국항공우주국에서 제작한 극초음속 무인비행기 X-43A인데, X-43A도 마하 9.8로 비행한 기록이 최고 기록이다. 비행기의 속도를 기준으로 하면 마하 9.8은 제트 엔진의 최고점에 도달한 엄청난 속도지만, 우주로 나가기에는 너무나 느린 속도다.

그래서 우주로 나가기 위해서는 비행기 대신 우주선이 필요하다. 인류는 비행기로 하늘을 자유롭게 나는 데 성공한 이후 로켓과 우주선 개발에 눈을 돌리고 있다. 어쩌면 머지않아 비행기를 타듯 우주선을 쉽게 갈아타고 자유롭게 우주를 여행할 수 있는 날이 올지도 모른다.

 **우주에서 한마디**

상상력은 종종 우리를 새로운 세계로 인도할 수도 있다. 상상력 없이 갈 수 있는 곳은 아무 데도 없다.

칼 세이건 | 과학을 일반인들에게 널리 알린 미국의 저명한 천문학자

우주 저편엔 무엇이 있을까

무한한 시간과 만물을 포함하고 있는 끝없는 공간,
혹은 지구 밖의 공간을 뜻하는 말.
인류는 1969년 달 착륙에 성공한 뒤 더 먼 우주로 눈을 돌리고 있다.
우리가 우주여행을 꿈꾸는 가장 큰 이유는 순수한 호기심 때문이다.

재미있는 우주선 이름들

우주선은 그 나라의 기술력이 집대성된 것이기 때문에 이름에 특별한 의미가 들어 있다.

러시아의 대표적인 우주선인 소유즈(Soyuz)는 우리나라 이소연 박사를 국제우주정거장에 보낸 우주선으로 우리나라 사람들에게 많이 알려져 있다. 소유즈의 뜻은 러시아말로 연합, 연방을 뜻한다. 구소련 당시 유인 우주프로그램을 시작하면서 소련 연방국가의 결속을 다지기 위해 지은 이름이라고 한다. 소련에서 발사한 인류 최초의 인공위성인 스푸트니크호는 러시아어로 '동반자'라는 뜻으로, 인류의 우주 탐험을 같이 해나가자는 의미로 지은 이름이다.

미국의 달 착륙 우주선인 아폴로의 경우, 로마 신화의 태양신인 아폴로의 이름에서 따왔다. 아폴로는 달의 여신인 디아나의 오빠다. 당시 인

우주선 안에서는 방귀 조심!

류 최초로 미지의 세계인 달에 가는데 우주선의 안전을 확신할 만한 것이 그 무엇도 없어 무사히 비행하기를 기원하며 그렇게 지은 것이다. 오빠가 누이동생을 찾아가는 것이니 안전할 것이라는 바람, 이름에서라도 축복을 받고 싶은 마음이 담겨 있는 것이다. 아폴로라는 이름을 지은 미국항공우주국의 에이브 실버스테인은 "내 아이의 이름을 짓는 마음으로 우주선의 이름을 붙였다."라고 말했다.

TV 드라마에 나오는 우주선 이름을 그대로 사용한 우주선도 있다. 미국 최초의 우주왕복선이었던 '엔터프라이즈호'는 미국의 인기 SF 드라마였던 「스타트렉」에 나오는 우주선의 이름이다. 원래 미국 항공우주국에서는 콘스티튜션(Constitution, '헌법'이라는 뜻)이라는 이름을 지어 주려고 했지만, 「스타트렉」 팬들의 성화에 못 이겨 결국 엔터프라이즈라고 이름을 짓게 되었다.

당시 「스타트렉」 팬들은 우주선의 이름을 엔터프라이즈로 지으라고 청원하는 편지를 워싱턴에 40만 통 넘게 보냈다고 한다. 이 숫자는 미국항공우주국으로 직접 보낸 편지를 제외한 것이라고 하니 그 열성이 얼마나 대단했는지 짐작할 수 있다.

인도의 첫 달 탐사선인 '찬드라얀 1호'의 경우 '찬드라얀'은 인도의 고대 언어인 산스크리트어로 달 탐사선이란 뜻이다. 그리고 중국의 선조우(神舟)우주선은 '하늘의 강을 달리는 신묘한 배'라는 뜻으로, 우주를 뜻하는 중국어인 선조우(神州)와 발음이 똑같다. 일본의 무인 달 탐

사 우주선인 가구야는 일본 전래 동화에 나오는 공주의 이름인 '가구야
히메'에서 따온 이름으로 '달에서 온 아가씨'라는 뜻이다.

가장 빠른 우주선은 무엇일까?

인류는 늘 우주여행을 꿈꿔 왔다. 1000억 개가 넘는 별이 모인 은하,
그리고 그런 은하가 1000억 개 넘게 모인 우주, 그 우주 공간을 탐험하
는 것은 상상만 해도 흥분되는 일이다. 하지만 영화에 나오는 것 같은
우주여행은 아주 먼 미래에나 가능한 일이다.

지금까지 인간이 만든 가장 빠른 우주선은 2006년에 발사된 무인 명
왕성 탐사선 뉴허라이즌스호이다. 핵연료 엔진을 탑재한 이 탐사선의
최고 속도는 시속 5만 8,000킬로미터로, 목성 궤도를 지나면서부터는
목성의 중력을 이용하여 시속 7만 5,200킬로미터까지 빨라진다.

시속 5만 8,000킬로미터가 얼마나 빠른 속도이냐 하면, 뉴허라이즌
스호를 타고 곧장 날아가면 달까지는 아홉 시간 밖에 걸리지 않고, 미
대륙을 횡단하는 데에는 4분밖에 걸리지 않는다. 그런데 이렇게 빠른
뉴허라이즌스호도 목표 지점인 명왕성에 접근하는 데에는 약 9년 반이
걸려 2015년이나 되어야 한다.

유인 우주선이라면 이야기가 또 달라진다. 인류 최초로 달에 착륙한
아폴로 11호는 38만 4,400킬로미터 떨어진 달에 착륙하는 데 109시간
10분 35초가 걸렸다. 아폴로 11호의 최고 속도는 시속 3만 9,000킬로

미터였다. 인간이 탄 우주선 가운데 가장 빠른 속도를 기록한 것은 아폴로 10호다. 1969년 5월 달 주위를 31회 돌면서 달 착륙을 위한 총연습을 하고 돌아온 아폴로 10호가 대기권에 진입할 때 속도는 약 시속 4만 킬로미터에 달했다.

우주선을 동쪽으로 발사하는 이유

전 세계 여러 나라는 서로 다른 우주기지에서 서로 다른 우주선을 발사한다. 하지만 나라별로 이렇게 달라도 우주선을 발사할 때 똑같은 한 가지가 있다. 그것은 바로 대부분의 우주선이 동쪽을 향해 발사된다는 점이다. 왜 우주선은 동쪽을 향해 발사되는 것일까?

그 이유는 바로 지구가 서쪽에서 동쪽으로 자전하기 때문이다. 아직 무슨 말인지 잘 모르겠다고? 자, 좀 더 쉽게 이해하기 위해 집에 있는 지구본을 들고 한번 살펴보기로 하자. 우리가 살고 있는 지구는 서쪽에서 동쪽으로 자전하는데 이때 지구의 자전 속도는 대략 시속 1,666킬로미터다. 즉, 지금 이 글을 읽고 있는 이 순간에도 여러분은 시속 1,666킬로미터의 속도로 동쪽으로 이동하고 있는 셈이다.

물론 1,666킬로미터의 속도는 지구의 적도를 기준으로 하는 속도이기 때문에, 북위 35~40도 사이에 위치하고 있는 우리나라의 자전 속도는 이보다 조금 속도가 떨어진 1,337킬로미터 정도다. 미국의 우주선 발사기지인 플로리다 주 존 F. 케네디 우주센터는 위도 28.5도 정도에 위치하고 있는데, 이곳의 자전 속도는 시속 1,466킬로미터 정도다.

이렇게 자전 방향인 동쪽으로 우주선을 발사하면 우주선의 속도에 자전 속도를 더할 수 있게 된다. 예를 들어, 여러분이 야구공을 아무리 힘껏 던져도 박찬호 선수처럼 시속 150킬로미터로 공을 던지는 것은 거의 불가능하다. 하지만 시속 300킬로미터로 달리고 있는 KTX에서 시속 10킬로미터의 속도로 공을 던진다면, 시속 310킬로미터라는 엄청나게 빠른 공을 던질 수 있다.

이와 마찬가지로 지구의 자전 방향인 동쪽으로 우주선을 발사하면 우주선의 속도에 해당 위도의 자전 속도가 더해져 우주선은 그만큼 더 빠른 속도를 낼 수 있게 된다. 그러면 우주선이 그만큼의 속도를 내기 위해 들어가는 연료가 절약되고, 연료를 덜 싣게 되니 돈도 아낄 수 있게 되는 셈이다.

하지만 동쪽이 아닌 서쪽이나 남쪽, 또는 북쪽으로 로켓을 발사한다면 자전 때문에 생기는 공짜 속도를 얻을 수 없다. 서쪽으로 발사하는 경우, 실제 속도에서 자전 속도를 빼야 하기 때문에 무척이나 비효율적일 수밖에 없다.

하지만 나라마다 지리적인 환경이 다를 텐데, 모든 조건을 다 갖춰 발사할 수 있을까? 그렇다면 우주선을 발사할 때 어느 나라가 가장 효율적이고, 어느 나라가 가장 비효율적일까?

가장 효율적으로 우주선을 발사하는 나라는 프랑스다. 프랑스의 아리안 로켓 발사장은 남아메리카에 있는 프랑스령 기아나에 있는데 이곳은 위도 5도 부근으로 자전 속도를 가장 잘 이용하고 있다. 러시아는 영토 대부분이 북위도에 있어 지구 자전의 힘을 잘 이용하지 못한다. 러시아 소유즈 로켓의 발사 장소인 바이코누르 우주기지의 위도는 45.9도로 이곳의 자전 속도는 시속 1,160킬로미터 정도다.

그리고 가장 비효율적으로 발사를 하는 나라는 이스라엘이다. 이스라엘은 서쪽 지중해를 뺀 나머지 삼면이 내륙으로 둘러싸여 있는 데다 주변국과 사이가 좋지 않아서 부득이하게 서쪽 지중해로 로켓을 발사한다. 이스라엘의 주 발사장이 있는 곳은 위도 31.5도 부근에 있는 네게브 사막의 팔마힘 공군기지로, 이곳의 자전 속도는 시속 1,422킬로미터다. 그래서 이스라엘의 경우 우주선을 발사할 때 시속 1,422킬로미터의 속도만큼 연료를 허비하는 셈이다. 이 때문에 이스라엘은 우주선을 발사할 때 군사위성을 제외하고는 대부분 프랑스의 아리안 로켓 발사

기지나 러시아의 바이코누르 우주기지를 빌려 사용하고 있다.

그런데 혹시 왜 우주선을 꼭 육지에서만 발사해야 하는지 생각해 본적 있는가? 군이 비효율적인 북위도의 육지에서 발사할 게 아니라 차라리 적도 바다에서 발사하면 더 효율적이지 않을까? 그런 의문에 대답이라도 하듯 기존의 고정관념을 깨고 바다에서 우주선을 발사하겠다는 회사가 등장했다. 1995년 미국, 러시아, 노르웨이, 우크라이나 4개국이 합작해서 만든 다목적 회사 시런치사가 바로 그 주인공이다. 시런치사는 바다 위에서 우주 로켓을 발사할 수 있는 해상 발사 시설을 보유하고 있다. 지난 2006년 8월, 우리나라의 무궁화 5호 위성도 하와이 남쪽 부근 적도 바다에서 시런치사의 기술을 통해 발사되었다.

이번에 내리실 곳은 우주입니다

2011년 미국의 우주왕복선인 디스커버리, 엔데버, 애틀랜티스가 각각 마지막 임무를 수행하고 역사의 뒤안길로 모습을 감췄다. 이제 러시아의 소유즈만이 지난 세기부터 개발된 우주선 시리즈 중 유일하게 남아 인류를 우주로 실어 나르고 있다. 현재 우주로 나가기 위해서는 소유즈 우주선을 타거나 민간 기업에서 제작한 여행용 우주선을 이용해야 한다. 그런데 그 우주선들을 한 번 쏘아 올리기 위해서는 천문학적인 비용이 든다. 또 쏘아 올리기 좋은 '길일'을 놓치기라도 하면 다음 발사까지 기다려야 한다. 그러다 보니 우주에 한 번 나가는 일은 정말 쉽

우주선 안에서는 방귀 조심!

지 않다.

이런 문제를 해결하기 위해 미국항공우주국은 기발한 계획을 생각해 냈다. 바로 '우주엘리베이터'를 만드는 것이다. 엘리베이터를 이용하면 우주선보다 돈을 적게 들이고, 우주로 나갈 날짜도 비교적 자유롭게 선택할 수 있는 것이 장점이다.

구상은 간단하다. 적도 바다에 위치한 지구 쪽 승강장과 3만 6,000킬로미터 상공에 위치한 인공위성을 케이블로 연결해 엘리베이터를 만들어 사람과 화물을 옮기는 것이다. 인공위성은 엘리베이터의 무게 중심을 잡는 '추'의 역할을 한다. 또 지구를 돌며 '원심력'을 만들며 엘리베이터를 고정해 주는 '닻'의 역할도 한다. 인공위성을 따라 우주엘리베이터가 지구를 돌게 되면, 지구 밖으로 향하는 원심력과 지구 내부를 향하는 중력이 균형을 이루기 때문에 케이블은 수직으로 안정되게 매달려 있을 수 있다.

지금까지는 엘리베이터를 지탱할 튼튼한 케이블을 만들 소재가 없다는 것이 걸림돌이었지만, 신소재 '탄소나노튜브'가 등장하며 계획은 활기를 띠기 시작했다. 탄소나노튜브는 강철의 5분의 1 수준으로 가볍지만 강철보다 100배나 강하다. 탄소나노튜브를 한꺼번에 많이 만들어 낼 수 있게 되면 케이블 제작은 문제없다는 이야기다.

하지만 예상 높이가 50킬로미터에 달하는 엘리베이터를 만들기 위해서는 지금까지의 건물들과는 완전히 다른 설계와 엄청난 건설비가 필요하다. 다행히 적도에는 고층 건물에 피해를 줄 수 있는 허리케인이나 토네이도 같은 강력한 바람이 불지 않기 때문에 다른 지역보다는 상황이 낮다.

그래도 문제가 되는 것은 지구 주변을 둘러싼 '밴앨런대'이다. 밴앨런대는 지구를 둘러싸고 있는 고에너지 입자들이 모인 층으로 고도 1,000~2만 킬로미터 사이에 있다. 이 지역은 지구로 오는 태양풍을 막아 주는 역할을 하는 반면, 인간을 포함한 생물체에 유해한 방사선이 가득한 위험 지대다. 만약 우주엘리베이터를 탄 사람들이 밴앨런대를 지나가게 되면 우주인이 일반적으로 받는 양의 약 200배에 달하는 방사선을 쬐게 된다. 이 때문에 우주엘리베이터 설계자들은 처음 계획보다 엘리베이터를 더 두껍고 튼튼하게 만드는 방법을 고민하고 있다.

어쩌면 머지않아 "이번에 내리실 곳은 우주입니다."라는 안내 방송을 들을 수 있는 엘리베이터를 탈 수 있지 않을까.

달은 보물창고

아폴로 계획으로 우리는 달의 중력이 지구의 6분의 1밖에 안 되고 공기가 없고 달에서는 생명체가 살아갈 수 없다는 사실을 확인했다. 중국이나 그리스에서 믿던 '달의 여신'은 정말 상상 속에서만 존재했던 것이다. 소련과 우주 경쟁을 벌이던 미국이 아폴로

> **아폴로 계획**
> 1961년부터 1972년까지 미국항공우주국에서 진행한 유인 우주 탐사 계획. 1969년 아폴로 11호가 달에 착륙한 이래, 1970년대 초반까지 여섯 차례 달 착륙에 성공했다.

계획으로 승리하며 경쟁을 끝낸 뒤, 달에는 탐사선들이 드문드문 다녀

갈 뿐이었다.

그런데 2007년부터 달이 다시 주목을 받기 시작했다. 4월 중국이 창어 1호를 발사하며 시작점을 찍은 뒤, 9월 일본의 가구야, 2008년 10월에는 인도의 찬드라얀 1호가 차례차례 달로 향한 것이다. 1960년대 달 탐사 경쟁이 말 그대로 '우주에서 벌어지는 미국과 소련의 전쟁'이었다면, 2000년대 아시아가 이끄는 달 탐사는 달의 자원을 찾는 데 목적이 있다.

이 '경쟁'의 시작은 1960년대 아폴로 우주선이 가지고 돌아온 달의 토양 때문이었다. 이 토양에서는 지구에서는 찾기 힘든 귀중한 광물들이 포함되어 있었다.

특히 사람들이 주목하고 있는 자원은 달에 어마어마하게 묻혀 있는 '헬륨 3'다. 헬륨 3는 풍선 안에 들어 있는 가벼운 원소 '헬륨'과 구성 물질이나 구조는 같지만 질량은 조금 다른 원소다. 위험한 방사성 물질을 내뿜지 않고, 핵융합 발전의 원료로 사용할 수 있어 지구의 에너지 문제를 해결해 줄 중요한 자원으로 손꼽힌다. 또 화성이나 더 먼 행성을 탐사하는 우주선의 연료로도 사용할 수 있어 앞으로 우주를 개척할 때 꼭 필요한 자원이다. 게다가 지구에서는 거의 발견되지 않기 때문에 달의 헬륨 3는 더욱 소중하다.

헬륨 3는 달 표면에 쌓여 있다. 달

은 지구 같은 대기가 없어 태양에서 날아오는 태양풍을 '직격'으로 맞는다. 이 덕분에 태양에서 날아온 여러 가지 입자를 고스란히 보존하며 헬륨 3가 표면에 쌓이게 된 것이다. 수십 억 년 동안 달 표면에 쌓인 헬륨 3의 두께는 수 미터에 달하며 이를 다 합치면 약 100만~5억 톤 정도일 것으로 추정된다. 전 세계인이 최소 1만 년 동안 사용할 수 있는 어마어마한 양이다. 우주왕복선 크기의 우주선을 이용해 한 번에 가져올 수 있는 양은 약 25톤 밖에 안 되지만 이 정도만 있어도 미국 전체가 1년간 이용할 수 있다. 이것만 봐도 헬륨 3의 '가치'가 얼마나 높은지 알 수 있다. 그래서 어떤 과학자는 달을 '헬륨 3를 안고 있는 현금 창고'라고 평하기도 했다.

하지만 문제는 달의 토양에서 헬륨 3를 채취하고 운반하는 데 비용이 너무 많이 든다는 것이다. 예를 들어 헬륨 3를 70톤 얻으려면 약 100만 톤의 달 토양을 모아, 도자기를 구울 수도 있는 온도인 800도 이상으로 계속 가열해야 한다. 이대로라면 지구인의 에너지를 얻는답시고 달을 다 태워 없앨지도 모른다. 이 때문에 세계 여러 나라는 헬륨 3를 채취할 여러 방법을 찾고 있다. 인도의 찬드라얀 1호처럼 아예 헬륨 3를 찾기 위해 달로 향한 탐사선도 등장했다. 달의 헬륨 3를 석유처럼 쉽게 쓸 수 있는 날이 오면, 헬륨 3가 많은 토성이나 천왕성이 새로운 '광산'으로 떠오를지도 모른다.

달에 있는 티탄철석도 중요한 자원으로 손꼽힌다. 티탄철석은 우주선이나 자전거, 안경 등에 흔히 이용되는 티타늄과 철이 결합해서 만들어진 광물로 여러 산업에서 유용하게 쓰인다.

우주선 안에서는 방귀 조심!

티탄철석은 지구보다 달에서 쓰기 좋다. 티타늄처럼 가볍기는 하지만 철을 뽑아낼 수 있기 때문에 달 기지 건설에도 유용하다. 다만 티탄철석은 헬륨 3와 마찬가지로 토양에서 채취하기가 매우 어렵고, 얼마나 많이 묻혀 있을지 아직 확실히 알 수 없다는 점이 문제다.

달에서 발견된 얼음도 중요한 자원이다. 달 탐사를 시작한 초기에는 태양열을 받으면 약 120도까지 올라가는 표면 온도와 낮은 중력 때문에 달에는 물이나 얼음이 없다고 생각했다. 그런데 1998년 미국이 발사한 무인 달 탐사선 '루나 프로스펙터'는 달의 극지방에 있는 '바다', 즉 분화구에서 얼음을 확인했다. 태양 빛이 제대로 닿지 않은 추운 지역에 얼음이 쏙 숨어 있었던 것이다.

달 극지방의 토양에 흩어져 있는 얼음을 다 합친 양은 약 1000만~3억 톤으로 예상된다. 얼음 1000만 톤을 고스란히 물로 바꾸면 사람 한 명이 약 68년 동안 쓸 수 있는 양이 나온다. 또 이 물에서 수소와 산소를 빼내면 달로 오가는 로켓의 연료나 달 기지의 공기를 얻을 수 있다. 얼음 역시 달의 토양에서 채취하는 것이 어렵기 때문에 아직 이용이 가능한지 연구하는 단계다.

달 탐사를 제대로 평가하기 위해서는 현재가 아닌 '미래'를 봐야 한다. 달은 어떤 천체보다 지구에 가까이 있기 때문에 태양계의 다른 행성으로 가기 위한 '기지'로 활용될 수 있다. 실제로 미국과 러시아는 달에 기지를 지어 연구를 진행하는 한편, 이 기지를 통해 화성으로 사람을 보낸다는 계획을 세우고 있다.

물론 최근 벌어지는 달 탐사 경쟁을 두고 '달의 식민지화'를 우려하는 사람도 많다. 러시아의 우주공학기업 '에너지아'처럼 '달을 산업화해야 한다'고 주장하는 단체도 등장했다. 하지만 달은 어느 한 기업이나 개인이 소유하고 함부로 이용할 수 있는 곳이 아니다.

1966년 유엔 총회에서 승인된 이후 98개국이 서명한 '외기권 우주조약'에 따라 어느 한 국가나 개인이 소유권을 주장할 수 없는 '인류 공통의 유산'이 됐기 때문이다. 이 조약은 외기권, 즉 달을 포함한 우주를 사용하고 개발하는 것은 인류 전체의 이익을 위한 것이어야 한다고 규제하고 있다. 다행히 이 조약 때문이 아니더라도, 달 탐사에 들어가는 천문학적인 비용 때문에 당분간은 일부 기업들이 무분별하게 달을 개발할 수는 없을 예정이다.

인류가 달에 기지를 짓고 자원을 얻으려면 아직 많은 시간과 노력이 필요하다. 무궁무진한 달의 가치를 제대로 활용하기 위해서는 개인의 이익이 아닌 인류 모두를 생각하는 마음이 앞서야 할 것이다.

저 달에 그림 같은 집을 짓고

영화나 만화에서만 볼 수 있었던 상상 속의 달 기지. 하지만 사람이 달에 건너가 뚝딱뚝딱 그림 같은 집을 짓고 생활하게 될 날이 멀지 않았다. 미국항공우주국은 2020년대에 달에 유인 기지를 건설하겠다고 밝혔고 러시아와 유럽, 일본도 비슷한 계획을 내놓았다.

그런데 지구와 환경이 다른 달에서 사람이 살 수 있을까? 잘 알려졌

다시피 달의 중력은 지구의 6분의 1 수준이다. 달에는 대기가 없기 때문에 태양과 우주로부터 오는 방사선이 그대로 쏟아진다. 또 어떤 지역은 24시간 내내 햇빛이 내리쬐는 반면, 어떤 지역은 아예 햇빛이 들지 않는 등 지역마다 온도 차이가 크다. 예를 들어 달의 적도 근처를 살펴보면, 낮에는 120도까지 온도가 올라가고, 밤에는 영하 230도까지 내려가는 등 일교차가 심하다.

이렇듯 지구와 환경이 다른 달에 인류가 살기 위해서는 우선 사람이 살 수 있는 적당한 장소를 찾고, 내리쬐는 방사선과 견디기 힘든 무시무시한 추위와 더위를 피할 수 있는 건물을 만들어야 한다. 달에서의 적당한 장소란, 달 탐사선이 착륙하기에 적합하며 생존에 필요한 물을 확보할 수 있는 곳을 말한다. 보통은 달의 앞면이 지구와 왕래가 쉽고, 통

신도 용이하기 때문에 기지 건
설의 예정지로 꼽힌다. 특히
달의 앞면에서 발견되는 동굴
이 적합한 장소로 꼽히는데,
이곳이 방사선이나 운석을
피할 수 있고, 온도 차도
덜하기 때문이다.

　장소를 정한 다음, 건물을
짓기 위해서는 흙이나 돌 등의 재료가 필요하다. 지구에서 쉽게
구할 수 있는 돌, 흙, 모래, 시멘트를 옮겨가면 좋겠지만, 그러려면 엄
청난 돈이 든다. 보통 건축용 자재 1킬로그램을 우주로 수송하는 데
6000만 원 정도가 든다고 하니, 지구의 자재를 달로 직접 옮겨서 건물
을 짓는 것은 현실적으로 불가능하다고 볼 수 있다. 그래서 과학자들은
달의 모래에서 채취한 성분으로 콘크리트를 만들어 건물을 짓겠다는 구
상을 하고 있다.

　달의 모래에는 철, 알루미늄, 규소 등 다양한 광물이 포함되어 있다.
이 재료로 콘크리트를 만들면 지구에서 달까지 재료를 운반하지 않고
도 건물을 지을 수 있다. 또 달 모래에서 채취한 성분으로 만드는 건축
자재가 방사선을 막는 데 더 효과적이라는 설도 있다. 달에서 발견된 물
은 모래로 시멘트 등의 자재를 만드는 데 도움이 될 것으로 보인다.

　달 기지가 건설되면 사람의 생존에 필요한 음식도 달에서 구할 수 있
게 된다. 달에 온실을 설치해 쌀, 야채, 과일과 같은 식물을 재배할 수

있고, 소나 돼지, 닭 등을 기르는 농장도 만들 수 있다. 물론 이 같은 일은 인간이 달에 어느 정도 정착한 후에나 가능하기 때문에 초기에는 지구에서 달로 음식물을 운반해야 한다.

달에 공기가 없다는 것은 지구와 다른 방식으로 에너지를 공급해야 함을 뜻한다. 석유나 석탄 같은 연료는 태워야 에너지를 내는데, 달에는 공기가 없어 연소가 불가능하기 때문이다. 따라서 달 기지는 핵융합 발전을 이용하거나, 태양에서 에너지를 얻어 사용해야 된다.

달은 지구를 따라 돌며 13일씩 낮과 밤이 뒤바뀌는데, 달에서는 낮이 14일이나 계속된다. 그래서 태양 빛이 달 표면에 끊임없이 쏟아지는 이 시기에 태양전지나 태양열 발전을 이용해 에너지를 만들 수 있다. 또 달에서 많이 발견되는 헬륨 3는 핵융합 발전의 원료가 되므로 핵융합 기술이 더 발전할 경우 에너지원으로 사용할 수 있다.

미래의 달 기지에는 현재 지구 궤도에 건설된 국제우주정거장처럼 생명지원시스템을 갖춰 우주인들이 호흡, 수면, 식사, 휴식, 운동, 용변 등을 할 수 있게 꾸밀 가능성이 높다.

만약 달 기지에서 살게 된다면 어떤 점이 가장 좋을까? 아마 지구에서는 볼 수 없었던 멋진 우주 풍경을 감상할 수 있다는 것 아닐까. 다만 아쉬운 점은 달에는 대기가 없기 때문에 빛이 산란되지 않아, 파란 하늘이나 붉은 노을을 볼 수 없다는 것이다. 그리고 낮에도 별을 볼 수 있긴 하지만, 대기가 없기 때문에 지구에서 볼 때처럼 반짝이지는 않는다. 그 대신 까만 하늘에 떠 있는 푸른 지구의 아름다운 모습을 볼 수 있다. 또 달을 산책하는 일도 흥미로운 경험이 될 것이다. 달의 중력은 지구의 6분의 1이기 때문에 우주인들은 달 위를 사뿐사뿐 걸어 다닐 수 있다.

달 기지 건설은 인류가 오랫동안 간직해 온 꿈이다. 달은 지구에서 가까워 우주여행의 최적 기지로 꼽혀 왔으며, 다른 천체에 비해 가고 오는 데 드는 시간과 돈도 적어 비상시 지구에서 쉽게 구조대나 구호물자를 보낼 수 있고 통신도 비교적 빨리 이뤄진다.

"저 달로 나를 데려가서 별들과 함께 춤추게 해주오."

1954년 미국의 작곡가 바트 하워드는 사랑하는 여자를 위해 '플라이 미 투 더 문(Fly me to the moon)'이라는 곡을 지었다. 연인의 마음을 사로잡기 위해 썼던 표현이지만 이제 그것은 현실이 되고 있다. 저 아름다운 노래 가사처럼 이제 머지않아 달에서 별들과 춤출 날이 오지 않을까.

우주에서 한마디

이것은 한 인간에게는 작은 발걸음에 불과하지만, 인류에게는 큰 도약이다.

닐 암스트롱 | 1969년 아폴로 11호를 타고 달까지 날아가 인류 최초로 달에 발자국을 찍은 우주 비행사

달 기지, 우리 기술로 짓는다

이제 구체적으로 달 기지를 짓는 방법을 생각해 보자. 미국항공우주국이 그리는 달 기지 상상도에는 우주선 착륙장과 도로, 자원 채취장,

거주 시설, 탐사 로봇 등이 있다. 달은
지구와 환경이 다르므로 건물을 세
울 때도 다른 방법을 사용해야 한
다. 과연 달에 건물을 짓고 도로를
낼 수 있는 방법이 있을까? 아쉽게도
여기에 대해 정확한 방법을 제시한 사
람은 없다.

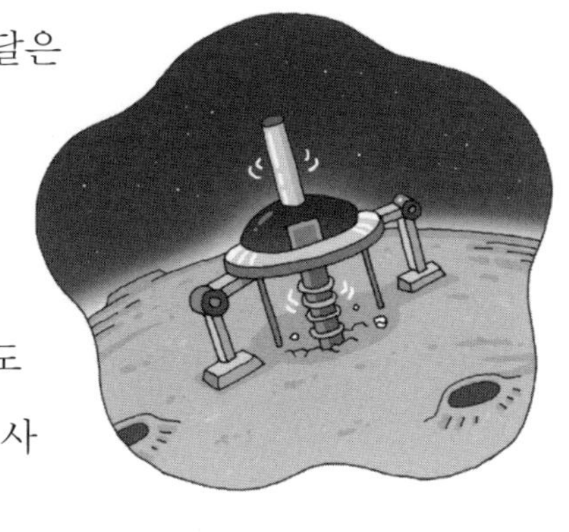

이런 상황에서 우리 연구팀은 토목공학을 기초로 '우주용 굴착 로봇'
과 '달 콘크리트'를 제안했다. 실제로 달에서 땅을 파고, 벽돌을 쌓아올
리는 방법을 내놓은 것이다. 달 콘크리트로는 도로를 포장해 지구에서
볼 수 있는 아스팔트길도 만들 수 있다. 이 제안은 세계적으로 좋은 반
응을 얻었고, 우주 굴착 로봇은 2010년 3월에 특허로 등록됐다.

달의 중력은 지구의 6분의 1이므로 사람이 지구에서처럼 안정적으로
서 있는 것조차 힘들다. 그러니 땅을 파는 일이나 건물의 지지대를 세
우는 일은 거의 불가능하다. 하지만 건물을 세우기 위해서는 땅을 파고
지지대를 세우는 작업이 꼭 필요하다. 그래서 우리 연구팀은 드릴로 달
지표면에 구멍을 내고, 그 안에 기둥 모양의 긴 심을 박아 땅에 단단하
게 고정하는 방법을 생각해 냈다. 그러면 그다음부터는 강한 힘으로 땅
을 팔 수도 있고, 큰 건축물을 지탱할 기둥을 세울 수도 있다.

특히 이 장치는 땅을 파는 동안에 생기는 먼지도 빨아들일 수 있게
만들어졌다. 달은 중력이 약하므로 먼지가 달 표면에 가라앉지 않고 둥
둥 떠다녀 시야를 가리는데, 이 문제를 처리할 방법을 찾아낸 것이다.

이 기술로 달에 빌딩을 세우는 과정을 상상해 보자. 우선 굴착 로봇이 달 표면에 자신의 다리를 고정한다. 그다음 드릴로 구멍을 깊게 파면서, 드릴에 장착된 센서로 달 토양이 얼마나 단단한지 감지한다.

센서가 긴 심을 고정할 수 있는 적합한 위치를 찾으면, 그곳에 심을 꽂고 건물 지지대를 설치한다. 같은 방법으로 지지대를 몇 개 더 세운 뒤 달 콘크리트로 기둥을 세운다. 이때 사용되는 달 콘크리트는 달에 있는 토양과 플라스틱 섬유를 녹여 만든다. 기둥이 완성된 뒤에는 달 콘크리트 블록으로 애초에 설계했던 건물을 세우면 된다.

이렇게 굴착 로봇과 달 콘크리트는 달 기지를 세우는 데 중요한 역할을 하게 될 것이다. 하지만 아직 굴착 로봇이 달에서 어느 정도 지지력을 발휘할 수 있을지는 장담할 수 없다. 그래서 우리 연구팀은 달 표면과 유사한 환경을 만들어 실험하고 있다. 우선 달처럼 진공 상태인 용기를 만들고 그 안에 달 토양과 비슷한 흙을 넣는다. 여기에 달의 중력에 맞추기 위해 무게를 6분의 1로 줄인 장치를 넣고 실험을 하는 것이다.

우주 개발이라고 하면 흔히 로켓이나 인공위성을 떠올리기 쉽다. 하지만 달이나 다른 행성에 기지를 건설하는 것도 중요한 일이다. 그곳도 인류가 새롭게 개척할 공간이라고 본다면 사람이 생활할 수 있는 시설이 필요하기 때문이다. 우주로 진출하는 데 가장 기본이 되는 우주선 관련 기술이 발달하고 나면, 우주의 다른 행성에서 자원을 캐고 기지를 만드는 '우주 토목'이 첨단 학문으로 인기를 얻을지도 모른다. 우주에 대한 관심과 창의적인 생각, 그리고 이를 실현하고자 열심히 노력한다면 누구에게나 우주로 향하는 문은 열려 있다.

달에서는 어떤 냄새가 날까?

갓 구운 빵에서 나는 달콤하고 고소한 냄새, 하얀 백합의 은은한 향기, 김치에서 나는 매콤하고 시큼한 냄새……. 이렇게 지구에는 다양한 냄새가 있다. 공기가 있기 때문이다. 빵이나 백합, 김치가 가지고 있는 작은 원소 알갱이들은 공기에 퍼져 있다가 우리가 숨을 쉬면 코로 들어온다. 코에는 냄새를 알 수 있는 신경이 있어 여러 가지 냄새를 알아채게 된다. 그런데 공기가 없는 달에서도 냄새를 맡을 수 있을까?

1972년 4월, 아폴로 16호를 타고 우주에 다녀온 우주 비행사, 찰스 듀크는 달에서 냄새를 맡았다고 말했다. 불꽃놀이를 할 때 맡을 수 있는 것과 비슷한 '강한 화약 냄새'가 났다는 것이다. 듀크의 이야기를 들은 한 예술가가 '달 냄새가 나는 엽서'를 만들었다.

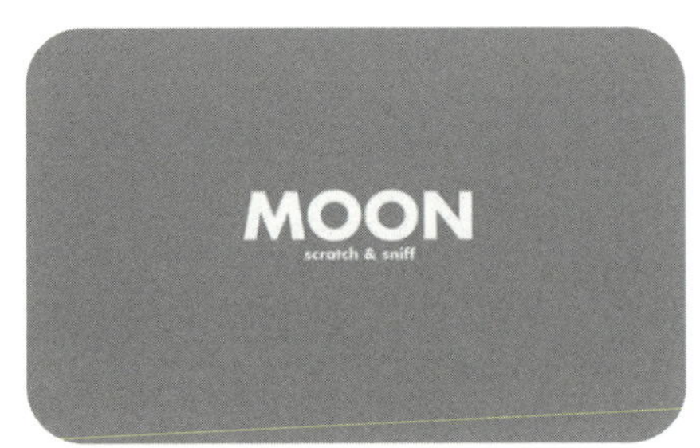

달 냄새가 나는 엽서의 앞면

이 엽서는 2010년 10월 네덜란드 암스테르담 박물관에서 '달, 긁어서 냄새를 맡아 보세요(Moon, Scratch & Sniff)'라는 내용으로 전시되었다. 한 장에 55달러, 우리 돈으로 약 6만 원이면 살 수 있다. 실제로 엽서를 긁어 보면 듀크가 말했던 달 냄새, 즉 강한 화약 냄새를 맡을 수 있다. 이 엽서로 냄새를 맡아 본 사람들은 달 냄새가 성냥을 켜거나 불꽃놀이를 할 때 나는 냄새와 같다고 생각했을지도 모른다.

그런데 듀크는 공기가 없는 달에서 어떻게 냄새를 맡았던 것일까? 아직 이 물음에 대해 정확한 답을 할 수 있는 사람은 없다. 하지만 설득력 있는 의견은 몇 가지가 있다.

먼저 달에 있던 먼지가 우주선으로 들어와서 퍼졌다는 것이다. 비가 올 때 흙냄새를 맡을 수 있는 것처럼 건조한 달에 있던 먼지도 우주선 안에 있는 촉촉한 물기와 만나 달 냄새를 만들었는지 모른다.

또, 달 먼지가 우주선에 있던 산소와 만나서 탔다는 의견도 있다. 우리가 숨 쉴 때 들이마시는 산소가 달 먼지에 있던 다른 원소들과 만나서 타면서 화약 냄새를 만들었다는 것이다. 하지만 이것 역시 달 냄새의 원인을 정확하게 설명할 수 없다.

이 의문에 대한 정확한 답을 찾을 수 있는 방법은 달에 가서 냄새를 맡아 보는 것뿐이다. 우리가 달로 여행을 떠날 수 있는 날이 오면 달 냄새에 대한 모든 궁금증은 해결되지 않을까?

달에도 '바위 다리'가 있다

"만약에 제가 달에 갈 수 있는 방법이 있다면, 저는 기쁜 마음으로 달려가 이 다리의 강도를 시험할 것입니다. 다리 위에서 걷고, 뛰어보기도 하면서 말이죠."

이것은 미국항공우주국의 달 궤도 탐사 위성 '루나 리커니슨스 오비터'(LRO)가 촬영한 자료를 분석한 미국 애리조나주립대학교의 마크 로빈슨 박사가 한 말이다. 달에 다리가 있다니 무슨 이야기일까?

로빈슨 박사의 호기심을 자극한 다리는 바위로 만들어진 '천연 다리'로, 이런 지형은 LRO가 보낸 고해상도 사진에서 최초로 발견된 것이라 사람들의 관심을 끌고 있다. 사진 속에 등장한 다리는 길이 20미터

달의 바위 다리

에 폭 7미터의 제법 큰 규모로 구덩이 두 개를 연결하고 있는 모습이다.

공기와 물이 있는 지구에서는 바람의 풍화 작용과 물의 침식 작용을 통해 동굴이나 천연 다리가 만들어진다. 하지만 달에는 공기도 물도 없으므로 지구와 다른 방식으로 다리가 만들어졌을 것으로 보인다.

로빈슨 박사는 10억 년 전에 달에 '용암 동굴'이 생겼는데, 이것이 식는 도중에 일부가 무너져 천연 다리가 만들어졌을 것이라고 설명한다.

용암의 외부는 빠른 속도로 식어 단단한 암석이 되지만 내부는 녹아서 풀어진 상태로 조금 더 유지된다. 이 상태에서 바닥이 충격을 받게 된다면 덜 굳은 내부의 용암이 넘쳐 구덩이가 만들어지고, 미리 굳었던 겉의 암석이 그대로 남아 다리 모양이 되는 것이다.

로빈슨 박사는 달에서 발견된 천연 다리는 우주 비행사 한 명이 지나가도 될 정도로 충분히 튼튼할 것이라고 예상했다. 하지만 달에 사람을 보내는 프로그램이 중단된 상태라 실제로 이 다리의 강도를 확인하는 것은 당분간 쉽지 않을 전망이다.

 **우주에서 한마디**

나는 지금 혼자다. 정말로 혼자다. 이곳에 생명체는 나뿐이다. 달의 저편에는 30억하고도 두 명이 있지만, 이쪽에 무엇이 있는지는 신과 나만이 안다.

마이클 콜린스 | 닐 암스트롱과 버즈 올드린이 달에 착륙했을 때, 아폴로 11호에 남아 달의 궤도를 돌았던 우주 비행사

달나라에서 떡방아를 찧을 수 있을까?

우리 조상들은 달을 보며 떡방아를 찧고 있을 옥토끼를 생각했다. 그

     우주선 안에서는 방귀 조심!

리고 현대인은 '달나라'에 과학기지를 건설하고 제2의 지구를 만들 계획을 꿈꾸고 있다. 그러나 우주에서 농사를 지을 수 없다면 달에 간다한들 떡방아를 찧는 일은 '상상'으로 끝날 뿐이다. 그리고 산소와 식량도 얻을 수 없게 된다. 이 때문에 과학자들은 달 토양에 직접 배추나 상추, 벼 같은 농작물을 기르는 연구를 하고 있다.

과연 달에서도 식물이 살 수 있을까? 1968년 미국 아폴로 11호부터 1972년 17호까지 총 여섯 대의 탐사선이 달에서 토양을 갖고 왔다. 이 토양을 분석한 결과, 식물이 자라는 데 필요한 원소 열여섯 가지 가운데 탄소와 산소, 수소를 제외한 나머지 양분이 너무나 부족했다. 식물은 광합성을 통해 공기 중의 탄소와 산소를 얻고, 뿌리를 통해 물에 있는 수소를 얻을 수 있지만 나머지 양분은 얻기 힘들다. 그러므로 나머지 양분이 부족한 달 토양은 '식물이 자랄 수 없는 땅'인 셈이다.

식물이 단백질, 핵산, 인지질을 포함한 세포 기관을 만들려면 질소와 인이 꼭 필요하다. 하지만 식물이 이용할 수 있는 형태의 질소와 인은 늘 부족해 지구에서는 비료를 통해 보충해 주고 있다. 그렇다고 우주선에 질소 비료를 가득 실어서 계속 달로 보낼 수는 없는 노릇이다.

다행히도 콩과식물을 심으면 질소 부족을 해결할 수 있다. 콩이나 자운영, 아까시나무 같은 식물의 뿌리에는 '뿌리혹박테리아'라는 미생물이 기생하면서 대기 중의 질소를 암모늄이나 질산 이온 형태로 바꿔 준다. 따라서 별도의 비료를 달까지 운반할 필요가 없다. 또 인은 인회석 형태로 존재하는 달 토양을 곱게 갈아 사용하면 될 것이다.

더불어 달에는 식물에게 유용한 칼슘이나 마그네슘이 풍부하게 포함된 광물이 있기 때문이 이들이 풍화만 되면 양분 부족 문제를 어느 정도 풀 수 있다. 다만 식물에게는 반드시 필요하지만 아주 적은 양이 필요한 알루미늄이나 비소, 카드뮴, 니켈 등의 중금속 농도가 달 토양에서는 매우 높아 식물에게 독이 될 수도 있다. 현재 전 세계 과학자들은 토양 내 중금속 농도가 높더라도 견뎌낼 수 있는 식물을 연구하고 있다.

우주 농업은 단순히 달에서 인류가 거주하기 위한 수단만은 아니다. 달 기지는 우주여행을 위한 '휴게소'로, 지구에서 멀리 떨어진 화성이나 목성으로 임무를 수행하러 떠날 우주인들에게 신선한 음식과 산소를 공급할 수 있는 오아시스 역할을 할 것이다. 지구에서는 물 1그램이 별것 아니지만 우주에서는 인류의 생존을 지켜낼 희망이 된다. 물과 영양, 산소까지 주는 식물은 '우주인의 구원자'인 셈이다. 어쩌면 인류가 달에서 벼 이삭을 추수해 떡방아를 찧을 날도 그리 먼 미래의 이야기가 아닐지 모른다.

수성을 구석구석 살핀다, 탐사선 메신저!

태양과 가장 가까운 행성인 수성. 수성의 영어 이름인 머큐리(Mercury)는 로마 신화 속 '전령의 신' 머큐리(메르쿠리우스)에서 따왔다. 전령의 신만큼 발이 빨라 태양 주위를 한 바퀴 도는 데 88일이면 충분하다는 것이 그 이유다. 같은 태양계에 있지만 우리가 수성에 대해 아는 것은 많지 않았다. 태양과 거리가 가깝기 때문에 밤과 낮의 온도 차가 600도를 넘고, 태양이 지구에서보다 2.5배나 더 커 보인다는 것 등이 전부였다. 그동안 수성을 제대로 탐사해 본 적이 없었기 때문이다.

하지만 미국항공우주국의 수성 탐사선, 메신저호가 수성에 대한 자료를 하나둘 보내오면서 수성의 비밀이 조금씩 밝혀지고 있다.

미국 워싱턴의 카네기연구소 션 솔로몬 박사는 2010년 7월 19일자 미국 뉴욕타임즈와의 인

터뷰를 통해 수성에 '용암 평야'가 있다는 사실을 밝혔다.

솔로몬 박사는 2009년 메신저가 수성을 근접 비행하며 촬영한 '라흐마니노프 크레이터'를 분석한 결과, 용암이 밖으로 흘러나와 굳었다는 것을 알아냈다. 수성 표면 곳곳에서 발견된 움푹 패인 구덩이들이 소행성이나 운석이 충돌해서 생긴 것이 아니라, 오래전에 발생한 수많은 화산들로 인해 생긴 것이라고 본 것이다. 이 자료를 함께 연구하고 있는 존스홉킨스대학 루이스 프록터 박사는 여기서 발견된 화산암 퇴적물의 나이가 적어도 20억 년은 될 것이라고 추측하기도 했다.

또 메신저는 수성의 자기장과 대기를 조사한 자료도 보내왔다. 이 자료를 분석한 결과 수성의 미약한 자기장은 급격한 속도로 변하고 있었다. 지구 자기장의 북극과 남극도 조금씩 변하고 있지만, 수성의 자기장 변화 속도는 이와 비교도 안 될 정도로 빨랐다. 또 수성의 미약한 대기는 칼슘과 나트륨, 마그네슘 등으로 채워져 있으며 적도 주변에 있는 칼슘의 농도가 해 뜰 때 높아진다는 점 등도 새롭게 밝힌 사실이다.

이처럼 우리가 모르던 수성의 비밀을 풀어내고 있는 메신저 호는 2004년 8월 발사되어 세 차례의 근접 비행을 무사히 마쳤다. 2011년 3월 수성 궤도에 진입한 후 1년간 수성에 대한 자료를 수집해 지구로 전송하게 되면 수성의 생성 과정을 비롯한 다양한 정보를 더 많이 얻을 수 있을 것으로 기대된다.

물론 메신저 호가 최초의 수성 탐사선은 아니다. 미국항공우주국은 이미 1973년 탐사선 매리너 10호를 발사해 수성 표면을 관찰한 바 있다. 매리너 10호는 수성 표면의 45퍼센트를 촬영한 1,000여 장의 사진

을 지구로 보냈다. 수성은 태양과 가까워 낮에는 기온이 427도까지 치솟는데 당시 매리너 호는 이 온도를 견디지 못했기 때문에 수성의 모든 부분을 촬영하지는 못했다.

이와 달리 메신저 호는 수성의 궤도에 진입해 오랜 시간 동안 수성을 관찰한다. 이를 위해 7년간 태양을 중심으로 열다섯 바퀴를 도는 방법을 선택해 총 79억 킬로미터를 비행한다. 지름길을 버리고 먼 거리를 우회하는 것은 차츰 비행 속도를 줄여 수성 궤도에 안전하게 진입하기 위해서다. 메신저 호는 2005년 8월 지구를 스쳐 지구의 중력을 이용해 속도를 높였고, 2006년 10월과 2007년 6월에는 금성을 지나면서, 금성의 중력을 이용해 궤도를 변경했다. 그리고 마침내 2008년 1월과 10월, 2009년 9월에는 수성의 근접 비행에 성공하며 수성에 관한 자료를 모아 지구로 전송했다.

메신저 호에는 일곱 가지 탐사 장비가 실려 있다. 수성의 지표면을 근접 촬영하기 위한 이중카메라와 대기분석을 위한 대기 및 지표 분광계, 감마선·중성자 분광계 등이다. 메신저 호가 특별히 신경 쓴 부분은 자체 보호 장비다. 400도가 넘는 뜨거운 태양열을 견디기 위해 높이 2.5미터, 너비 2미터의 태양열 차단벽을 설치했다.

수성 탐사가 시작된 이유는 태양계에서 암석을 지닌 행성이 어떻게 생성되고 발전했는지를 연구하기 위해서였다. 과학자들은 태양계가 탄생했을 당시, 지금의 내행성 궤도에 수성과 비슷한 원시 행성이 존재했을 것으로 예상하고 있다. 따라서 수성 탐사는 지구와 금성, 화성 같은 내행성의 최초 모습을 알 수 있는 실마리를 찾는 데 중요한 역할을 할 것이다.

또 메신저 호는 매리너 10호가 진행했던 연구도 이어받아 하고 있다. 매리너 호가 촬영한 사진을 통해 우리는 수성의 표면이나 대기, 자기장에 관한 사실을 일부 알게 됐다. 메신저 호는 이런 환경이 형성된 이유를 파악하기 위한 연구도 진행하고 있다.

그중 관심을 끄는 부분은 수성의 자기장이다. 지구의 자기장은 내부의 맨틀이 움직이기 때문에 만들어진다. 하지만 수성의 내부는 고체이기 때문에 자기장이 생기는 이유를 설명하기 어렵다. 메신저 호는 자기장이 생기는 이유에 대한 자료를 계속 모으는 중이다. 또 수성의 얇은 대기의 구성 성분에 대해서도 조사하고 있다.

메신저 호의 임무 종료는 2013년 3월로 예정되어 있다. 현재 미국항공우주국은 메신저 호의 트위터를 만들어 운영하고 있다. 메신저 호와 수성에 대해 더 알고 싶다면 메신저 호의 트위터(@MESSENGER2011)를 팔로잉하면 관련 정보를 받아볼 수 있다. 앞으로도 메신저 호가 수성과 태양계의 신비를 속 시원히 풀어내 주길 기대해 보자.

화성을 개척할 로빈슨 크루소를 찾습니다

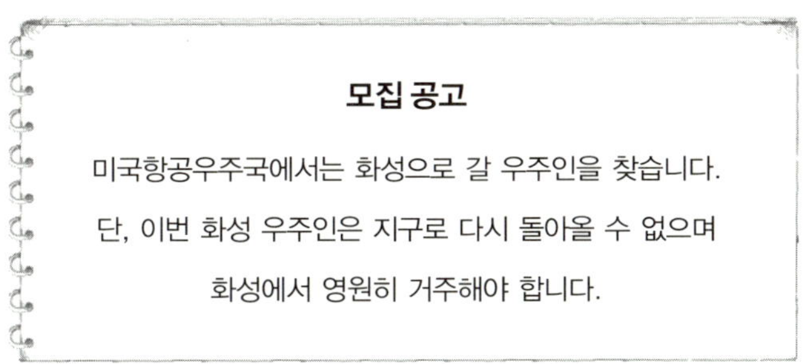

2010년 11월, 미국항공우주국이 화성에 거주할 지원자 네 명을 모집한다고 밝혀 화제가 되었다. 이 공고는 미국항공우주국이 미국 국방부의 고등연구계획국과 함께 진행 중인 새로운 유인 화성 탐사 계획인 '100년 우주선(100-Year Starship)'의 일환이다. 이 계획이 기존의 유인 탐사 계획과 다른 점은 '편도 비행'을 전제로 한다는 데 있다. 즉, 화성에 도착한 우주인들은 다시 지구로 돌아오지 않으며 인류 최초로 화성에서 정착해 생활하는 '화성 이주민'이 된다.

그렇다면 '화성 이주민'들의 생활은 어떨까? 화성 인류의 조상이 될 최초의 화성 이주민들은 도착 후 몇 년간 지구에서 보급품을 받으며 자신들이 영원히 살아갈 화성 도시를 건설하게 된다. 도시 건설에 필요한 재료는 화성 현지에서 얻어서 화성의 흙으로 벽돌집을 만들고, 화성의 얼음으로 산소를 생산하게 된다. 또 차고 건조한 화성의 기후 때문에 식량은 온실을 건설해 재배하게 된다. 마치 공상과학소설 같은 이런 무모한 화성 탐사 계획을 미국항공우주국이 진지하게 연구하게 된 이유는 무엇일까?

20세기 인류의 우주 탐험 목표는 달이었고, 달 표면에 안전하게 착륙하고 지구로 다시 돌아오겠다는 목표는 비교적 쉽게 달성됐다. 하지만 이 기술만으로는 21세기 우주 탐험 목표인 화성에 착륙하고, 지구로 다시 돌아오는 일은 쉽지 않다.

화성에서 지구로 귀환하기 어려운 가장 큰 이유는 바로 거리 때문이다. 화성은 달에 비해 지구에서 너무 멀어 오랜 시간 비행해야 도착할 수 있다. 현재의 로켓 엔진으로 달에 도착하려면 나흘이 걸리지만, 화성에 가려면 무려 6~7개월이나 걸린다. 물론 현재 국제우주정거장에서 우주인이 머물고 있는 평균 기간이 6개월이라는 점을 고려하면, 우주인이 화성까지 가는 동안 육체적으로나 정신적으로 충분히 견딜 수 있을 것이다.

하지만 화성에 도착한 뒤에 더 큰 문제가 기다리고 있다. 화성에서 지구로 돌아오는 일이 아무 때나 가능하지 않기 때문이다. 우주선이 화성을 떠나 지구에 도착하려면 지구와 화성이 일정한 궤도에 자리 잡아야 한다. 우주선이 지구를 출발해 화성으로 향하는 6개월 동안 지구의 궤도는 달라지고, 화성도 자신의 공전 주기에 따라 다른 궤도에 위치하게 된다. 따라서 화성에서 지구로 돌아올 때는 두 행성의 궤도를 다시 계산해서 화성과 지구가 나란히 설 때까지 약 495~540일 정도를 기다려야 한다. 즉, 거의 1년 6개월이 지나 발사 최적 시간이 되어야만 우주선을 출발시킬 수 있고, 다시 6개월 정도가 흘러야 가족이 기다리는 고향의 별 지구로 돌아오게 되는 것이다. 그래서 화성에 다녀오는 데에는 2년 6개월에서 3년 정도가 걸린다. 화성으로 향하는 우주인들은 이렇게 오랜 시간 여행을 해야 할 뿐만 아니라, 화성에 머무는 동안 화성의 모래 폭풍과 우주 방사선 같은 위험한 환경 속에서 지내야 한다.

2007년 미국항공우주국에서 연구한 유인 화성 탐사 설계안에 따르면, 화성에 다녀오는 데 필요한 임무 기간이 895~950일이며, 우주인 여섯 명이 비행하고 생활하며 귀환하는 데 필요한 물품의 무게는 모두 800~1,200톤이나 된다. 1960년대 말, 우주인 세 명이 18일간 달에 착륙하고 귀환하는 데 썼던 물품의 무게인 200톤보다 4~6배나 많은 양이다. 인류 최대의 우주 구조물인 국제우주정거장이 400톤인 것을 감안하면 화성까지 운반해야 할 무게는 어마어마한 것이다.

우주선과 식량, 이동용 로켓과 연료, 착륙선과 생활 공간, 전력 장비, 표면 이동 장비, 선외 우주복, 화성 자원 이용시설(산소나 물 생산 장치), 과학 장비 등 최대 1,200톤에 달하는 짐을 화성으로 가져가기 위해서는 미국항공우주국이 2007년 당시 계획 중이었던 차대세 거인 로켓인 아레스 5호 다섯 대와 유인 우주선 아레스 1호 한 대가 필요하다. 이렇게 화성 탐사를 진행한다면 그야말로 인류 최대의 이삿짐 운반 작전이 될 것이다.

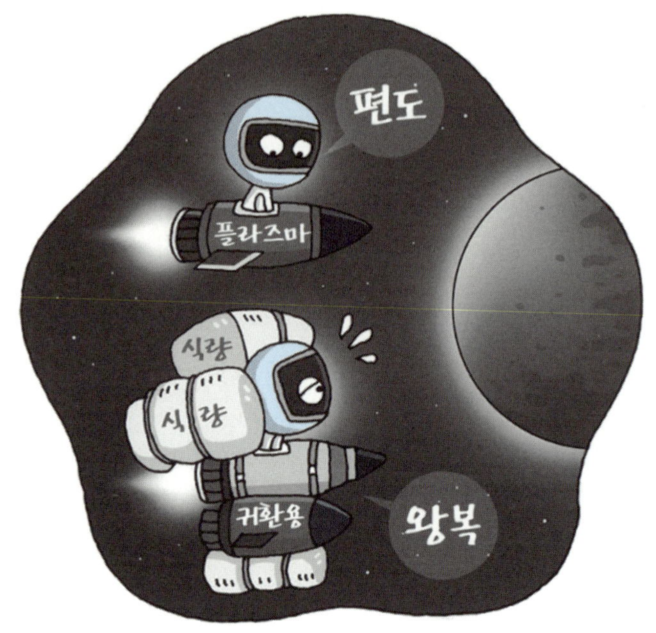

　문제는 우주 개발에서 '무게가 곧 돈'이라는 점이다. 현재 우주로 1킬로그램을 운반하는 데 6000만 원 정도가 든다. 따라서 1,200톤이나 달하는 장비를 우주 공간으로 운반하려면 72조 원이 넘게 필요하다. 여기에 장비와 로켓, 우주선의 연구와 제작에 필요한 예산까지 합친다면 전체 예산은 한 국가가 감당할 수 있는 범위를 넘어선다.

　따라서 유인 화성 탐사 계획은 매번 필요한 예산을 마련할 수 없어 좌절되고 말았다. 그렇기 때문에 발사 후 귀환이란 당연한 비행 일정에서 귀환을 뺀 매우 획기적인 화성 편도 비행이 논의되고 있는 것이다.

　물론 편도 비행은 돈과 기술을 떠나 윤리적인 문제가 남게 된다. 비행을 하다 비상사태가 발생하면 지구로 돌아오지 못하고 우주에서 미아가 될 확률이 높고, 우주인이 부상을 당해도 무조건 화성에 도착해 스스로 대처해야 한다. 지구를 떠나면 우주인들은 화성인으로 평생을 살게 되는 것이다.

그래서 과학자들은 유인 화성 탐사를 가능하게 하는 대안으로 상상을 초월하는 빠른 로켓을 이용해 여행 기간을 줄이는 방안도 연구하고 있다. 우주 비행사로 활동한 적이 있는 프랭클린 창 디아즈 박사는 플라즈마를 이용한 차세대 엔진을 연구하고 있다. 그런데 플라즈마가 무엇일까? 먼저 플라즈마에 대해 알아보자.

모든 물질은 고체, 액체, 기체 상태로 존재하지만, 기체가 온도가 올라가거나 강한 에너지를 받게 되면 물질을 구성하는 전자와 원자핵이 떨어져 제멋대로 움직이는 플라즈마 상태가 된다. 태양의 내부가 바로 이 플라즈마 상태인데, 이 플라즈마를 제4의 물질 상태라고 부른다.

우리 일상생활에서는 번개나 형광등 등에서 이 플라즈마 상태를 볼 수 있는데, 지구 밖 우주에서는 거의 모든 물질이 플라즈마 상태다. 태양이 무한한 에너지를 내는 것도 바로 이 플라즈마 상태에서 일어나는 핵융합 반응 때문이다. 그래서 많은 과학자들을 이 플라즈마를 석유를 대체할 수 있는 에너지로 이용하기 위해 연구하고 있다.

창 디아즈 박사가 연구하고 있는 플라즈마 엔진은 플라즈마를 이용해 수소 연료를 수백만 도로 달구어 추진력을 높이는 방식이다. 이 엔진을 탑재한 우주선은 기존 화학연료 우주선보다 속도가 네 배나 빨라 화성까지 39일이면 도착할 수 있다. 단점은 수소를 플라즈마 상태로 달구는 데 필요한 전기를 얻기 위해 엔진에 원자로를 설치한다는 점이다.

그래서 우주인은 생명을 위협하는 원자로와 함께 비행해야 한다. 물론 이 엔진을 실제로 사용할 수 있으려면 앞으로 수십 년 동안 연구를 더 해야 한다.

하지만 달 너머 더욱 먼 우주로 향하고자 하는 인류의 노력은 멈추지 않고 계속될 것이다. 그 노력이 결실을 맺게 된다면 언젠가 화성에 첫 발을 디딜 날도 오지 않을까.

화성 여행은 힘들어

인간은 달보다 더 먼 우주로 나간 적이 없다. 지구에서 가장 가까운 천체인 달에는 1969년부터 여섯 번에 걸쳐 열여덟 명의 우주인이 방문했다.

달 다음으로 지구와 가까운 천체는 금성과 화성인데, 금성은 표면 온도가 460도가 넘는 '불지옥'으로 현재 기술로는 인간이 방문하기 힘들다. 하지만 화성은 단단한 지각이 있는 데다, 기온 변화가 그리 심하지 않다. 한겨울 밤에 화성의 극지 부근은 영하 87도까지 내려가고, 한여름에 사막 지역은 영상 30도까지 올라가는데, 이 정도 기온 변화는 현재 기술로 충분히 대처할 수 있을 것으로 예상된다.

하지만 화성에 도달하려면 넘어야 할 장벽이 많다. 먼저 화성을 여행하려면 무중력 상태뿐만 아니라 좁은 공간에 오랫동안 갇힌 상태로 생활할 수 있어야 한다. 달은 왕복 열흘 정도면 다녀올 수 있지만, 화성을 다녀오려면 우주선이라는 제한된 공간에서 최소 2년 6개월을 지내야 한다.

지금까지 이렇게 오랫동안 우주 비행을 한 우주인은 몇 안 된다. 가장 긴 우주 비행 기간은 러시아 우주인 발레리 폴랴코프가 미르 우주정거장에서 기록한 438일이다. 폴랴코프 덕분에 과학자들은 사람이 오랜 기간 우주에 있으면 어떤 일이 일어나는지 잘 알게 되었다.

중력이 약한 우주에서는 뼛속에서 칼슘을 만드는 세포의 기능이 약해져 뼈에 구멍이 숭숭 뚫리는 골다공증에 걸리기 쉽다. 골다공증에 걸린 사람의 뼈는 아주 작은 충격에도 잘 부러지고 회복도 더디다. 또 근육 속의 근섬유가 가늘어지는 탓에 근력도 약해진다. 그래서 우주에 머무는 우주인들은 매일 운동을 하며 칼슘의 감소와 근육 약화를 막는다. 그래도 수백 일씩 우주에 머물다 지구에 귀환하면 자기 몸을 가누지 못할 정도로 쇠약해진다.

화성행 우주선에서 무중력 상태를 견디며 6개월 동안 생활한 우주인에게 화성에 도착했을 때 탐사 활동을 할 만한 체력이 남아 있을까? 화성의 중력은 지구의 3분의 1 정도지만 우주인은 생명을 유지시켜 주는 무거운 우주복을 입고 화성의 험한 지형을 돌아다녀야 한다.

화성 여행을 하려면 체력적인 문제뿐만 아니라 심리적 어려움도 극복해야 한다. 우주정거장에서 지내면 아무리 오래 머물러도 '고향' 지구를 바로 옆에서 볼 수 있기 때문에 마음을 달랠 수 있다. 하지만 지구가 다른 별과 구분조차 할 수 없을 정도로 먼 곳에 작은 점으로 보인다면 어떨까? 아무리 긍정적인 사람이라도 때로는 불안하고 우울해질 것

이다. 또 오랫동안 좁은 공간에서 같이 생활하다 보면 동료 우주인과 다툴 수도 있다.

그래서 우주인들에게는 정신적으로 안정을 찾을 수 있도록 정기적으로 가족이나 친구와 대화를 나누거나, 전문 심리 상담사에게 고민을 털어놓는 시간이 꼭 필요하다. 자기만의 공간에서 식물을 키우며 마음을 안정시키는 방법도 있다.

하지만 적은 '내부'에만 있지 않다. 우주선 밖 우주 공간으로 눈을 돌려 보자. X선이나 감마선 같은 우주 방사선은 인간에게 치명적인 위험이 되는 것으로 DNA를 손상시킬 수 있다. 지구 근처에서는 지구의 자기장이 이를 막아 주지만, 지구나 다른 행성의 자기장이 미치지 않는 공간에서는 전자파를 막아줄 납이나 특수 재질의 방어막이 필요하다.

장기간에 걸친 우주여행의 어려움을 미리 알아보고 해결책을 찾기 위해 지구 곳곳에서는 여러 연구가 진행되고 있다. 유럽과 러시아 우주기구는 '마스(MARS) 500' 프로젝트를 진행하고 있다. 이 프로젝트는 선발된 우주인 여섯 명이 러시아국립과학센터 의생물학연구소에 설치된 100평 규모의 밀폐 시설(모의 우주선)에서 520일 동안 고립되어 화성여행을 체험하는 것이다.

또 미국 민간기구인 화성협회는 미국항공우주국의 자문을 받아 '화성 모의 기지'를 세웠다. 화성과 지질 환경이 비슷한 미국 유타 주 사막과 극지방 환경이 비슷한 캐나다 북쪽 데본 섬에 세운 이 기지에서는 화성에서 지내는 동안 이뤄질 탐사 활동을 재현하는 실험을 하고 있다.

이런 조사와 연구들이 성과를 거두게 되면, 조만간 '제2의 지구'로 불리는 화성을 방문할 날도 머지않을 것이다. 태양계의 이웃 행성이지만 인류에게는 아직 까마득하게 먼 화성에 우리의 발자국이 선명하게 찍힐 그 날은 언제일까? 혹시 아는가. 지구의 생태계가 파괴되거나 인구가 폭발적으로 증가해 지구에서 살기 힘들어진다면 인류가 화성에 무수한 발자국을 찍을지.

 **우주에서 한마디**

기회가 된다면 화성에 가보고 싶다. 다시 돌아오지 못하더라도……

발렌티나 테레시코바 | 세계 최초의 여성 우주인

외계 행성을 찾는 여행자를 위한 안내서

미래의 어느 날, 인류는 지구에서 더 이상 살 수가 없어 다른 행성으로 이주를 하기로 하고 새로 이주할 행성을 발견했다. 이제 정든 지구에 작별을 고하고 떠나기만 하면 된다. 그런데 한 가지 문제가 생겼다. 태양계에서 수십 광년, 아니 수만 광년이나 떨어져 있는 외계 행성에 도착하려면 빛의 속도로 달려가도 엄청난 세월이 걸린다는 것이다. 과연 이 문제를 어떻게 해결해야 할까? 인간들은 몇 가지 방법을 놓고 고민에 빠졌다.

우선 '빛의 속도로 움직이는 법'부터 살펴보자. 빛의 속도로 움직인다고 해도 외계 행성으로 가는 데는 짧게는 몇 년부터 길게는 몇만 년까지 걸린다. 하지만 상대성 이론에 따르면 빛에 가까운 속도로 움직이는 우주선 안에서는 오히려 시간이 천천히 흐른다. 우주선에 탄 사람들은 지구에서보다 더 짧은 순간에 많은 일을 할 수 있게 되는 것이다. 예를 들자면 지구에서 사람들이 느끼는 한 시간이 우주에서는 열 시간처럼 흘러갈 수도 있다는 것이다. 이런 효과는 속도가 빠르면 빠를수록 더 커질 것이다.

우주선을 빛의 속도로 움직이게 하려면 핵융합 에너지를 이용하는 엔진을 사용하면 된다. 태양처럼 원자핵이 합쳐지면서 에너지가 만들어지는 방법을 우주선 엔진에 똑같이 적용하면 속도를 높일 수 있다. 그러나 핵융합 엔진으로 빛의 속도에 도달하려면 엄청나게 많은 연료가 필요하다. 연료를 많이 실어 우주선이 무거워지면 가속도도 줄어들기 때문에, 현실적으로 핵융합 엔진으로 빛의 속도에 가깝게 움직이는 것은 불가능하다.

　이 문제를 해결하기 위해 나온 방법이 램제트 엔진이다. 램제트 엔진은 우주선에 무거운 연료를 싣는 대신 우주 공간의 수소 원자를 빨아들여 핵융합에 이용하는 방법이다. 핵융합 엔진을 이용해 많은 에너지를 만들지만

따로 연료통이 필요 없고, 우주 공간에 있는 물질, 즉 수소 원자를 연료로 이용하기 때문에 이론적으로는 빛의 속도까지 가속할 수 있는 장점이 있다. 하지만 우주에 수소가 너무 적을 뿐만 아니라 수소를 빨아들이는 장치가 수천 킬로미터 길이나 돼야 한다는 점 때문에 실현 가능성은 떨어진다. 그래서 핵융합 에너지 엔진이나 램제트 엔진을 사용해 우주여행을 하려면 더 많은 연구가 필요하다.

　현실적으로 불가능하지만 우주여행을 하기에 가장 좋은 방법은 우주 공간의 지름길인 웜홀을 이용하는 것이다. 웜홀은 블랙홀과 화이트홀 사이를 이어 주는 가상의 통로인데, 만약 웜홀이 존재한다면 여기를 통과해 우주를 여행할 수 있을지도 모른다. 종이 위에 멀찍이 두 점을 찍어 놓고 보면 두 점 사이의 간격이 멀게만 느껴진다. 하지만 두 점이 겹치도록 종이를 접으면 사이 간격이 사라진다. 웜홀은 이처럼 3차원 공간을 왜곡시키면 두 지점을 순식간에 이동할 수 있다는 원리다. 그러나 아직 화이트홀이나 웜홀의 존재는 확실히 밝혀지지 않았다. 게다가 존

재한다고 해도 블랙홀과 웜홀이 원하는 지역에 있을 확률은 높지 않다.

외계 행성까지 가는 데 수백 년이 걸린다면 처음부터 마음을 느긋하게 먹는 것도 하나의 방법이다. 우주선 안에 인공 도시를 만들고 그 안에서 생활하며 여행하는 것이다. 수백 년 동안 우주선 안에서 결혼하고 일하며 살아간다면 외계 행성에 도착해 실제로 생활하게 되는 사람은 지구에서 처음 출발했던 사람들의 후손이 될 것이다.

물론 그러기 위해서는 우주선 안에서 충분한 식량을 생산할 수 있어야 한다. 물과 공기, 에너지도 외계 행성에 도착하기까지 수백 년 이상의 우주 비행을 버틸 수 있을 정도로 완벽하게 대비해야 한다.

그리고 정신적인 문제도 빼놓을 수 없다. 지구를 출발해 여행을 떠났던 세대와 목적지에 도착하는 세대는 여행의 목적이 뚜렷하겠지만, 우주선 안에서 태어났다 죽는 세대는 삶의 목적을 찾지 못할 수도 있기 때문이다. 그래서 우주선 안의 사회가 안정되려면 사람들의 심리 문제를 꾸준히 관리할 필요가 있다. 여행 도중에 우주선 안에서 태어난 사람들이 마음을 바꾸거나 애초에 지구를 떠나 우주로 가려 했던 목적을 잊어버린다면 큰일일 테니 말이다.

오랜 세월이 걸리는 우주여행을 위한 마지막 방법은 우주인들을 깊은 잠에 빠지게 하거나 냉동하는 것이다. 이 방법이 실현된다면 여러 세대에 걸쳐 여행할 때 생기는 단점을 해결할 수 있을 것이다. 하지만 우주인이 모두 잠들어 있고 적은 인원의 사람만 깨어 있다면 여행 중에 생기는 위험한 돌발 상황에 대처하기가 쉽지 않다.

이런 방법들은 지금으로서는 상상에 가깝지만 미래에는 실현 가능할지 알 수 없다. 외계 행성을 찾고 그곳으로 갈 수 있는 기술이 발전한다면 미래의 어느 날 우주 곳곳에 인류가 살게 될지도 모른다.

우주 온도를 알면 우주의 비밀을 알 수 있다

우리나라에는 사계절이 있어서 가장 추울 때와 가장 더울 때의 온도 차이가 30도를 넘나든다. 그런데 과연 우주에서는 어느 정도로 온도 변화가 일어날까?

대기가 없는 우주에서는 온도가 하루에도 200~300도 이상을 오르내린다. 우주의 평균 온도는 영하 270.4도이다. 이론적으로 가장 낮은 온도인 절대온도(영하 273.15도)와 불과 3도 차이다. 하지만 이렇게 추운 곳도 햇빛이 닿으면 순식간에 100도를 훌쩍 뛰어넘는다. 달은 낮과 밤의 온도차가 350도에 이른다. 낮에는 120도 정도지만 밤이 되면 영하 230도까지 떨어진다.

그래서 우주로 향하는 인류에게 우주의 온도는 극복해야 할 중요한 과제이다. 국제우주정거장에 머무는 우주인들은 우주정거장을 조립하거나 수리할 때 밖으로 나가는데 그때 느끼게 되는 우주의 온도도 달의 온도와 비슷하다. 그래서 우주 유영을 하는 우주인은 극한의 온도를 견디기 위해 특별히 제작된 우주복을 입는다. 열한 겹으로 된 우주복은 피부를 태워버리는 태양의 자외선을 막고, 속에 산소를 채워 적당한 압력을 유지시켜 준다. 또 체온을 유지하기 위한 보온 장치가 설치되어 있

고, 인체에서 발생하는 열을 식혀 주기 위해 냉각수도 흐르도록 설계되어 있다.

우주의 급격한 온도 변화는 전자 장비에도 이상을 일으킬 수 있다. 그래서 인공위성이나 국제우주정거장은 중요한 장비를 '다층박막단열재'로 감싸 온도를 유지한다. 다층박막단열재는 폴리에스테르를 여러 장 겹쳐 만든다. 합성섬유인 폴리에스테르는 일상복의 소재로 사용될 정도로 단열 효과가 뛰어나다.

다층박막단열재는 빛을 대부분 반사하기 때문에 태양열이 장비에 직접 닿지 않도록 막아 준다. 또 햇빛이 비치지 않는 지역에 들어가 기온이 갑자기 떨어질 때도 안에 있는 열이 밖으로 빠져나가지 않도록 막는다.

하지만 우주의 온도가 우주를 알아가는 데 장애가 되는 것만은 아니다. 우주의 온도는 우주 생성의 비밀을 풀 수 있는 열쇠가 되기도 한다.

존 매더 박사와 조지 스무트 교수는 우주의 온도를 측정해 우주의 기원의 실마리를 밝힌 공로로 2006년 노벨 물리학상을 받았다.

두 사람은 코비(COBE)라는 우주배경복사 탐사선을 이용해 우주의 온도를 측정해 온도분포 지도를 만들었다. 코비가 관측한 우주배경복사는 무엇일까?

과학자들은 우주의 생성 과정을 설명하는 이론 중 하나로 '빅뱅 우주론'을 든다. 빅뱅 우주론은 우주가 까마득한 옛날에 거대한 폭발로 만들어졌다는 이론이다. 우주에는 아직도 그 폭발의 흔적인 빛(복사)이 남아, 전자기파 형태로 우주를 가득 채우고 있다. 과학자들은 이 빛을 우주배경복사라고 부른다.

매더 박사와 스무트 교수는 이 빛이 방향에 따라 미세한 온도 차이가 있음을 발견하고, 온도 지도를 만들었다. 우주에 별과 은하가 탄생한 것은 배경복사가 균일하지 않기 때문이라는 이론을 확인한 것이다. 이 연구는 은하와 별 등 우주의 기원을 밝혀내는 데 결정적인 실마리를 제시한 것으로 평가받고 있다.

한편, 미국항공우주국은 높은 온도에서 발생하는 X선을 '찬드라 망원경'을 이용하여 측정하는 데 성공해 블랙홀의 실체를 밝히기도 했다. 블랙홀은 엄청난 중력으로 X선을 비롯한 모든 빛을 빨아들이기 때문에 직접 관찰할 수 없다. 하지만 블랙홀에 빨려 들어가는 별은 종이처럼 찢어지며 온도가 수백만 도까지 올라가면서 X선을 방출한다. 이 X선을 관찰하면 블랙홀의 세기나 회전 유무도 알 수 있으니 온도가 블랙홀을 연구하는 데 좋은 정보를 주는 셈이다.

너무 뜨겁고 때론 너무 차가워 우주 탐사에 장애가 되는 우주 온도. 하지만 과학자들은 이러한 우주 온도를 연구하며 우주의 신비를 밝혀 내고 있다. 우주 온도를 통해 밝혀지는 우주의 비밀. 아직까지 아무도 눈치채지 못한 다른 비밀이 우리를 기다리고 있지는 않을까.

삭막한 우주를 푸르게, 푸르게

"하늘은 캄캄하고, 지구는 푸르다. 그리고 우리가 사는 지구는 한없이 아름답다."

1961년 4월 12일, 소련의 우주 비행사 유리 가가린은 인류 최초로 대기권 밖에서 지구를 보며 그 아름다움에 감탄했다.

지구가 푸르게 빛나는 것은 광합성을 하는 식물들이 무성하기 때문이다. 끝없이 펼쳐진 짙푸른 바다, 하얗게 낀 구름의 무리, 약 70억 명의 인류와 많은 동물들. 이들이 존재할 수 있는 것은 식물이 만들어 낸 대기 덕분이다. 식물이 만들어 낸 산소 덕분에 지구는 생명이 넘쳐나는 푸른 행성이 될 수 있었던 것이다.

그렇다면 태양계의 다른 행성에 식물을 옮겨 심는다면 지구와 같은 환경을 만들 수 있지 않을까? 영화 「레드 플래닛」을 보면, 지구에서 가져온 이끼를 화성에 심으려는 계획이 나온다. 식물이 자라는 데 필요한 물과 이산화탄소는 화성의 극지방에 있는 얼음을 녹이면 얻을 수 있다. 만약 계획대로 성공한다면 붉은 행성인 화성도 푸른 행성이 될 수 있을 것이다. 그래서 과학자들은 우주에서 식물을 기르는 연구를 한창 진행하고 있다.

미국과 멕시코의 과학자들은 영화에서처럼 '화성의 지구화' 프로그램을 추진하고 있다. 멕시코에서 가장 높은 해발 5,647미터의 피코 데 오리사바 산에 사는 소나무를 화성에 옮겨 심으려는 것이다.

소나무과는 척박한 환경에서도 살 수 있는 강인한 식물이다. 혹독한 추위가 몰아치는 시베리아나 고산지대에서도 소나무나 잣나무, 가문비나무, 젓나무 같은 소나무과 식물들은 생명력을 이어가고 있다. 특히 멕시코 소나무는 해발 4,000미터 이상에서 자라는 유일한 나무로 화성에 옮겨 심을 후보로 뽑혔다. 극한 환경인 화성에서 소나무가 살 수 있을지 결과가 기대된다.

우주에서 식물을 기를 수 있다면, 우주인이 호흡하며 내뿜는 이산화탄소를 식물의 광합성에 쓰고 식물로부터 부족한 산소를 얻을 수 있다. 또 나무를 심어 열매를 따 먹고 채소를 길러 우주에서도 신선한 상추쌈을 즐기고 풋고추를 고추장에 찍어 먹을 수 있다는 이야기다. 그리고 뿌리나 줄기처럼 먹지 않는 식물 부위는 재처리해 식물이 자라는 데 필요한 비료로 재활용할 수 있다.

미국과 러시아의 과학자들은 이런 꿈을 실현하기 위한 예비 단계로 우주선에서 식물을 재배하고 품종 개량을 할 수 있는지를 연구하고 있다. 우주에 오래 머무는 우주인은 신선한 야채를 그리워하게 마련이라 우주선에서 식물을 키우면 식량 문제도 해결될 뿐만 아니라 우주에서 받는 스트레스를 줄이는 효과까지 있다.

러시아는 1996년 미르 우주정거장에서 작고 푸른 난쟁이 밀을 재배하며 우주 정원을 가꾸기 시작했다. 미국도 같은 해 우주에서 애기장대를 재배해 40일 만에 열매를 맺는 데 성공했다.

현재 러시아는 화성으로 출발할 우주선에 심을 채소를 선별하는 '500일 계획'을 세워 놓은 상태다. 화성까지 갔다 오는 데 걸리는 시간인 약 500일 동안 우주에서 식물을 재배해 먹을 수 있도록 하기 위해서다. 아시아 채소가 러시아의 500일 계획에 선발될 가능성이 높다. 서양 채소보다 동양 채소가 단위 면적당 생산량도 많고 병해충에도 강해 사람의 잔손이 덜 가기 때문이다. 러시아 과학자들은 일본산 상추인 '미드주나'를 우선 선택했다. 앞으로 방울토마토와 고추, 감자 등도 재배 식물에 추가될 계획이다.

우주에 다녀온 우주 식물을 지구에서 키우는 국가도 있다. 중국은 갈수록 넓어지는 자국의 사막화를 막기 위해 우주 식물 연구에 눈을 돌렸다. 보통 사막이라고 하면 뜨거운 태양이 내리쬐는 지역으로 생각하기 쉽지만 특히, 중국의 사막 식물들은 영하 30도까지 떨어지는 혹한의 추위도 견뎌야 한다. 그래서 거친 우주에서 자란 묘목이 사막을 푸른 숲으로 바꿀 수 있다고 생각하고, 위성에서 재배했던 묘목을 실험센터로 옮겨 기르고 있다.

성장이 빠른 나무도 다 자랄 때까지는 보통 10년의 세월이 필요하다. 하지만 무중력, 진공 상태, 약한 자기장 같은 우주의 환경이 지구보다 식물이 성장하기 좋은 조건이어서 짧은 기간에 우수한 묘목을 개발할 수 있다고 한다. 이런 연구들이 성과를 거두게 된다면 삭막한 우주뿐만 아니라 지구도 더 푸르게 만들 수 있을 것이다.

우주에서 한마디

지구는 우주의 오아시스다.

유진 서난 | 아폴로 17호의 선장. 아직까지는 달에 발자취를 남긴 마지막 인간.

개구리 닮은 우주 탐사 로봇, 있다? 없다?

가만히 앉아 있던 녀석의 다리 근육이 팽팽해지더니, 녀석이 발바닥으로 땅을 구른 뒤 솟구쳤다. 이어 공중에서 뒷다리가 펴지며 녀석이 엄청난 힘으로 몸통을 앞으로 쭉 밀어냈다. 이런 행동을 반복하는 사이 녀석은 저만치 멀리 사라졌다.

이 녀석이 누구일까? 바로 개구리다. 개구리는 뒷다리 힘으로 땅을 박차고 단번에 뛰어올라 제법 먼 거리도 순식간에 이동한다. 구덩이처럼 움푹 꺼진 곳에 들어가게 되더라도 쉽게 빠져나올 수 있다.

개구리의 이런 능력을 눈여겨본 사람들이 있었으니 바로 미국항공우주국의 과학자들이다. 과학자들은 지구와 다른 환경의 행성을 탐사할 때 개구리처럼 점프할 수 있는 능력이 쓸모가 많다고 판단해 개구리를 본떠 로봇을 만들었다. 2003년에 만들어진 '호핑 로봇'이 그 주인공이다.

무게 1.3킬로그램의 호핑 로봇은 특수하게 제작된 용수철 덕분에 지상에서 약 1.8미터 높이까지 뛰어오를 수 있다. 중력이 지구보다 작은 화성에서라면 약 6미터까지도 솟구칠 수 있다. 바퀴로 이동하는 것보다 훨씬 빨리 이동할 수 있다는 이야기다. 높은 장애물도 뛰어넘을 수 있으므로 둘러 갈 필요 없이 목표 지점까지 직선 거리로 이동할 수 있어 새로운 행성을 탐사하는 데 효과적일 수 있다.

카메라와 태양전지판, 컴퓨터로 이뤄진 간단한 구조인 만큼 제작비도 적게 든다. 호핑 로봇은 여러 대 만들 수 있어 연결하면 한 지역을 공동으로 살펴볼 수 있다. 만약 한두 대가 망가진다고 해도 전체 임무를 훌륭하게 수행할 수 있다. 다른 탐사 로봇보다 효과적인 셈이다.

호핑 로봇처럼 특이한 모양의 우주 탐사선이 등장하는 이유는 우주 환경 때문이다. 우주는 온도가 100도 이상에서 영하 100도 이하까지 오르내리며, 중력도 없고, 방사선에도 노출되어 있다. 이런 환경에서 인간이 활동하는 것은 어려우므로 로봇을 대신 보내는 것이다. 탐사선을 만들 때는 개구리처럼 특정 능력이 발달한 동물을 본뜨는 경우가 많다.

미국항공우주국의 재미교포 2세 과학자 마크 임 박사가 개발한 '폴리봇'은 뱀과 거미처럼 모양을 바꾸는 로봇이다. 폴리봇은 '여러 개의 작은 로봇이 모여 하나의 로봇이 된다'는 뜻으로 가로세로가 5센티미터인 육면체 모양의 로봇 여러 개가 붙었다 떨어졌다 하면서 뱀이나 거미, 탱크처럼 변신한다.

평지에서는 탱크의 바퀴 모양으로 굴러가고, 울퉁불퉁한 곳에서는 다리가 네 개 달린 로봇으로 변신해 엉금엉금 기어간다. 또 계단을 만나면 뱀처럼 길게 늘어져서 기어 올라가기도 한다. 행성 표면이 어떻든지 잘 적응할 수 있는 로봇인 셈이다.

그런가 하면 개미의 행동 양식을 본떠 만든 탐사 로봇도 있다. 개미는 길을 가다 장애물을 만나면 돌아갈 줄 안다. 탐사 로봇도 개미처럼 장애물을 만났을 때 돌아갈 수 있다면 사고를 당할 위험도, 길을 잃을 염려도 줄어든다.

미국항공우주국의 과학자들은 1997년 패스파인더호의 화성 탐사에 이용했던 로봇 '소저너'를 개미처럼 행동하게 하였다. 소저너는 무게 10킬로그램의 무인 이동 로봇으로 자유자재로 움직일 수 있는데, 이동할 때 장애물을 만나면 개미처럼 돌아가도록 설계되어 있다. 바퀴를 여섯 개 만든 것도 어떤 지형에서도 안정성을 유지하는 개미 다리를 본뜬 것이다.

동물이 아닌 사물을 모방한 로봇도 개발되고 있다. 그 주인공은 거대한 축구공 모양의 '텀블위드 로버'. 이 로봇은 행성 탐사 중에 만날지 모를 크고 작은 암석을 피할 수 있도록 공 모양으로 설계되었다. 화성에서 부는 바람에 추진력을 얻어 움직일 수 있고, 장애물 위로 굴러갈 수 있다는 장점도 있다.

텀블위드 로버는 가스를 넣어 부풀게 하는데, 이 안에는 탐사 장비를 매어 둘 수 있는 줄이 달렸다. 탐사 지역에 도착하면 가스를 조금 빼내서 정지하고, 주변을 샅샅이 살핀 뒤에는 다시 가스를 넣어 이동하면 된다.

이 로봇의 모델은 지름 1.5미터짜리 공인데, 이 공으로 실험한 결과 약 400미터 높이의 모래 언덕을 달리면서 터지지 않았고, 경사진 모래 벼랑도 잘 올라갔다. 과학자들은 공의 크기가 네 배 더 커지면 화성 같은 행성에서 부는 바람의 힘을 받아 큰 바위를 타고 넘을 수 있고, 25도 이상의 경사면도 올라갈 수 있을 것으로 예상했다.

이처럼 과학자들은 우주 탐사 로봇을 개발할 때 개구리를 비롯해 뱀과 개미, 심지어 축구공에서까지 아이디어를 얻는다. 다른 생물이나 사물의 움직임에서 우주 탐사에 꼭 필요한 특징을 발견할 수 있기

     우주선 안에서는 방귀 조심!

때문이다. 사소한 장면 하나도 예사로 보지 않는 과학자들의 열정에 박수를 보내며, 이런 로봇들이 더 많이 만들어져 더 쉽게 우주를 탐사할 날이 오기를 기대해 본다.

우주에도 쓰레기가 있다고?

고요한 우주 공간에 거대한 풍선이 떠다닌다. 자세히 살펴보니 인공위성에 필수적인 태양전지판이 붙어 있다. 이 풍선의 정체는 놀랍게도 우주 쓰레기 처리 장치. 우주 쓰레기란 망가진 인공위성이나 위성에서 떨어진 부품, 인공위성을 쏘는 데 사용된 로켓의 잔해 등이다.

미국의 비행선 정비업체인 글로벌에어로스페이스가 내놓은 이 장치는 '골드(GOLD)'라 불린다. 골드는 청소용 위성에 장착되어 있다가 우주 쓰레기를 철썩 붙여 지구 대기권으로 끌어내린다. 또는 일반 인공위성에 장착되어 있다가 인공위성의 운영이 종료된 다음에 커다랗게 부풀어 인공위성을 지구 대기권으로 끌어내린다.

지구 상공을 떠다니고 있는 우주 쓰레기의 양은 엄청나게 많다. 그래서 인공위성과 충돌해 고장을 일으키기도 한다. 서로 부딪쳐 지구로 추락할 위험도 있다. 과학자들은 우주 쓰레기를 효율적이면서도 저렴하게 처리할 방법을 고민해 왔다. 그렇게 해서 나온 방법들 중의 하나가 골드인 것이다.

골드는 거대한 풍선과 이를 제어하는 기계로 구성된다. 이 풍선은 얇

게 접어 상자에 담을 수 있다. 또한 골드를 작동시키는 데 필요한 추가 장치의 무게는 36킬로그램에 불과하다. 덕분에 로켓이나 위성에 골드를 쉽게 부착해 우주로 내보낼 수 있다.

풍선의 재질은 샌드위치를 싸는 포장지보다 얇고 가볍다. 그래서 아주 적은 양의 가스만 있어도 팽창하므로, 거의 완벽한 진공 상태인 우주 공간에서도 잘 부풀어 오른다. 최대로 부풀면 지름 100미터 정도로 커진다. 또한 무척 작고 날카로운 우주 쓰레기가 닿아도 쉽게 터지지 않도록 설계되었다.

골드에 의해 지구 대기권으로 진입한 우주 쓰레기는 매우 빠른 속도 때문에 마찰열을 받는다. 최대 약 3,000도까지 올라가는 마찰열로 인해 우주 쓰레기는 대부분 불타 없어진다. 간혹 티타늄 같은 특수 재질로 이루어진 우주 쓰레기는 미처 다 불타지 않고 지상에 떨어질 수도 있다. 하지만 지구에 진입하는 시점을 잘 조절하면 대개는 바다나 사막같이 사람이 거의 없는 곳에 아주 작은 우주 쓰레기만이 떨어지게 된다. 그러니 사람이 우주 쓰레기에 맞아 피해를 보지 않을까 하는 걱정은 하지 않아도 된다.

골드가 나오기 이전에도 우주 쓰레기를 처리하는 다양한 방법이 나와 있었다. 대표적인 것이 레이저 빗자루, 전자기 밧줄, 우주 끈끈이 등이다.

우선 레이저 빗자루는 지상에서 레이저 빔을 발사하는 방법이다. 레이저 빔을 우주 쓰레기에 계속 쏘면 우주 쓰레기는 고도가 조금씩 낮아져 결국 지구 대기권으로 떨어져 불타게 된다. 아주 미세한 크기의 우주 쓰레기는 레이저 빔을 쏘아서 증발시켜 없앨 수도 있다.

전자기 밧줄은 전기가 흐를 수 있는 전도성 와이어 장치를 인공위성에 부착해 수명이 다한 인공위성을 처리하는 방법이다. 전도성 와이어는 인공위성의 진행 방향과 반대 방향으로 작용하여 인공위성이 고도를 점차 낮아지게 만든다. 지구 대기권으로 진입하게 된 인공위성은 역사 불타 없어진다.

마지막으로 우주 끈끈이는 거대한 막을 우주 공간으로 올려 우주 쓰레기를 처리하는 방법이다. 먼저, 고무공처럼 탄성이 강하고 부드러운 소재를 가지고 지름 800~1,600미터의 거대한 막을 제작한다. 이 막을 우주 쓰레기가 많은 궤도에 올린다. 마치 손이 오므라지듯이 막이 오므라지며 한꺼번에 많은 우주 쓰레기를 가둔다. 그런 다음 지구 대기권으로 진입해 불탄다.

이러한 방법들과 비교했을 때 골드는 장점이 많다. 우주로 발사하기에 가장 편리하고, 처리 과정에서 새로운 파편을 만들어 낼 위험도 가장 적다. 골드가 제 역할을 다할 수 있길 바라며, 더 좋은 우주 쓰레기 처리 방법이 등장하길 기대해 보자.

외계 생명체는 어떤 모습일까?

2012년 12월 미국항공우주국이 '외계 생명체 연구에 영향을 끼칠 우주생물학적 발견'에 대한 발표를 하겠다고 밝혀 전 세계의 이목을 끌었다. 발표를 기다리던 사람들 중 상당수는 외계인의 존재를 발견했을지도 모른다고 상상하며 기대에 부풀었다.

하지만 미국항공우주국 우주생물학 연구원인 펠리사 울프 사이먼 박사가 발표한 외계 생명체는 사람들이 흔히 알고 있는 미생물, 박테리아였다. 초능력을 가졌을 것 같은 외계인이 아니라 고작 작은 박테리아라니……. 이 발표를 듣고 실망한 사람도 많았다. 하지만 과학자들은 이 박테리아가 외계인만큼이나 중요하다고 말한다. 왜 그럴까?

지구에 사는 생명체는 탄소, 수소, 질소, 산소, 황, 인 이렇게 여섯 원소를 기반으로 구성되어 있다. 그런데 사이먼 박사가 찾은 박테리아, 'GFAJ-1'은 여섯 원소 중에 인을 비소로 대체하고도 살 수 있는 생물이다. 비소가 어떤 원소이냐 하면 독이 있어 방부제나 살충제, 농약 등을 만들 때 사용되는 것으로, 독약 중에도 비소로 만든 것이 많다. 그런데

‘GFAJ-1’이라는 박테리아는 이렇게 위험한 비소를 영양분으로 이용한다.

‘GFAJ-1’이 발견된 장소는 미국 캘리포니아 주 요세미티 국립공원으로, 이곳에 있는 모노 호수는 비소가 너무 많아서 우리가 알고 있는 생물은 살 수 없다.

사이먼 박사와 연구팀은 이곳에서 진흙을 채취해 미생물을 분리한 다음, 인을 없애고 화학적으로 유사한 비소를 넣은 배양액을 넣고 관찰했다. 놀랍게도 이 박테리아는 비소를 먹고 살아남았다. 독이 있는 비소를 먹고 자라다니! 결국 ‘GFAJ-1’이라고 이름 붙여진 이 박테리아는 인을 비소로 대체할 수 있는 새로운 생물로 확인되었다.

이 박테리아가 중요한 이유가 바로 여기에 있다. ‘GFAJ-1’은 지구처럼 물과 공기가 없어도, 우리가 상상하기에 절대로 생물이 없을 것 같은 장소에도 ‘생물이 살 수 있음’을 보여 주는 증거가 되는 것이다. 특히 비소는 태양계에 있는 다른 행성이나 우주 공간에 많다고 알려져 있다. 혹시 우주 어딘가에서 ‘GFAJ-1’처럼 빗를 기반으로 살아가는 다른 생물을 만날지도 모를 일이다.

사이먼 박사도 “이번에 발견한 박테리아는 우리의 상상을 뛰어넘는 새로운 생물이 있을지도 모른다는 가능성을 보여 주는 것”이라고 말했다. 화성이나 목성 같은 행성에 사는 생물은 지구 생물처럼 여섯 가지 원소가 아닌 다른 원소로 이뤄졌을 수도 있다. 이번에 미국항공우주국이 발표한 ‘GFAJ-1’ 덕분에 우리는 ‘생물’의 의미에 대해 다시 생각해 볼 수 있게 됐다.

사실 사이먼 박사는 오래전부터 ‘어떻게 지구의 모든 생물이 똑같은

원소들을 기반으로 구성될 수 있을까?' 하는 의문을 가지고 있었다고 한다. 화학을 공부했던 사이먼 박사는 비소가 인과 성질이 비슷하다는 점을 떠올리고 인 대신 비소로 이뤄진 생물이 있을지도 모른다고 생각했다. 하지만 아무도 사이먼 박사의 생각에 귀를 기울이지 않았다. 그러다 보니 연구할 수 있는 자리도 쉽게 구해지지 않았다.

하지만 사이먼 박사는 비소 생물을 찾는 일을 포기하지 않고 계속해서 열심히 연구했고, 결국 자신의 뜻을 이루었다. 사실, 박테리아의 이름에 있는 GFAJ라는 말은 바로 '펠리사에게 일자리를(Give Felisa a job)'의 줄임말로, 펠리사 사이먼 박사의 간절한 소망이 담겨 있는 것이기도 하다.

사이먼 박사의 끈질긴 연구로 우리는 새로운 생물에 대해 알게 되었다. 우주에는 비소를 먹고 사는 박테리아처럼 우리가 지금까지 알지 못했던 신기하고 놀라운 생명체가 살고 있을지도 모른다. 혹시 지구 밖 우주 공간에 우리와 닮은 외계인이 살고 있지는 않을까?

 **우주에서 한마디**

이 광활한 우주에 오직 우리뿐이라면, 그것은 정말 지독한 공간의 낭비가 아닐까.

칼 세이건 | 천문학자. 외계인이 존재하느냐는 질문에 이렇게 답했다.

우주인이 지구에 오면 외계인이 되지만, 우주에서는 지구인 또한 외계인이다.

월터 쉬라 | 우주에서 하모니카로 징글벨을 연주한 우주 비행사

우리도 우주인이 될 수 있다

우주인:

외계인을 이르는 말
혹은 우주 비행을 위해 정해진 특수 훈련을 받은 사람이나,
고도 100킬로미터 이상을 비행한 사람을 이르는 말.
한국인으로 우주에 다녀온 사람은 이소연 박사가 최초다.
앞으로 다양한 우주여행 상품이 개발될 계획이라
더 많은 사람들이 우주여행을 하게 될 것이다.

최홍만 아저씨는 우주에 갈 수 있다? 없다?

우주인이 되기 위해서는 키가 작고 힘이 약한 사람보다 최홍만 아저씨처럼 키가 크고 힘이 센 사람이 더 유리하지 않을까? 지구와 다른 환경에서 지내기 위해서는 건강한 체력이 필요할 테니 말이다.

하지만 이것은 잘못된 생각이다. 우주인이 되기 위해서는 기본적으로 몸이 튼튼해야 하지만, 너무 덩치가 크거나 몸무게가 많이 나가면 안 된다.

한 예로, 소유즈 우주선에 탑승하는 우주인의 경우 키는 150~190센티미터, 몸무게는 50~95킬로미터여야만 한다. 그리고 우주복 제작과 좌석의 문제로 앉은키는 99센티미터가 넘으면 안 되고, 발 크기도 295밀리미터 이상이면 안 된다.

키가 큰 것도 서러운데 우주인이 될 수 없다고 억울해하는 사람도 있을 수 있지만, 안타깝게도 이 기준은 쉽게 바뀌지 않을 것으로 보인다.

우주선 안에서는 방귀 조심!

현재 제작 중인 우주선이나 국제우주정거장도 대부분 이 규격을 기준으로 제작되기 때문이다.

그렇다면 왜 이렇게 신체적인 조건에 제한을 두는 것일까? 그것은 우주선의 무게가 무거울수록 우주로 나가는 데 더 많은 비용이 들기 때문이다. 만약 우주인의 무게가 조금이라도 가볍다면 같은 조건하에서 좀 더 다양한 장비들을 우주로 가지고 올라갈 수 있을 것이다.

둘째로 좁은 우주선 공간 때문이다. 우주선이나 국제우주정거장 모두 쾌적한 생활을 할 만큼 그리 공간이 넉넉하지는 않다. 앞서 설명했듯이 무게와 크기는 곧 비용과 연관되기 때문이다.

그리고 우주선과 국제우주정거장에서 사용하는 모든 장비와 생활용품 등은 표준 체형을 기준으로 제작되어 있다. 체형 차이가 크게 난다면 각각의 크기에 맞는 제품을 또 만들어야 하는데 그렇게 하면 우주선의 여유 공간은 더욱 부족해질 것이고, 불필요한 비용도 더 들게 될 것이다.

이런 이유로 현재까지는 우주인이 될 수 있는 체형이 정해져 있다. 하지만 키나 덩치가 크다고 미리 포기하지는 말자. 미래의 어느 날, 지금의 로켓 엔진보다 더 효율적이고 저렴한 엔진이 개발된다면, 키가 크고 몸무게가 많이 나가는 우주인이 탄생할지도 모르니까.

🔍 우주에서 한마디

여자라서 한계가 있다거나 이득을 본다고 생각해 본 적은 없어요. 꿈꾸면 무엇이든 가능해요.

무카이 치아키 | 일본의 여성 우주 비행사

음식 잘 흘리고 자주 씻는 사람은 우주 비행 금지!

밥을 먹을 때 여기저기 잘 흘리는 사람이 꼭 있다. 이런 사람은 지구에서는 단지 칠칠치 못한 사람이지만, 우주에 가면 위험인물이 된다. 우주에는 중력이 없기 때문이다. 그래서 음식물을 흘리면 공중에 동동 떠다니게 되는데 잘못하면 이 음식물이 우주선의 장비에 끼어 들어가 고장을 일으키거나, 숨을 들이쉴 때 빨려 들어가 우주인의 건강을 위협할 수도 있다.

따라서 우주에서 식사를 할 때는 최대한 우아하게 먹어야 한다. 입을 벌리고 떠들면서 먹는 것은 절대 안 되고 재채기도 최대한 조심해야 한다. 식사 중에 재채기를 하면 튀어나온 음식물이 막다른 곳에 부딪힐 때까지 빠른 속도로 계속 날아가기 때문이다.

그래서 우주 음식에는 가루를 사용하지 않는다. 재채기가 덜 나게 하려는 이유도 있지만, 눈에 보이지 않는 미세한 가루가 공기 중에 떠다니면서 문제를 일으키는 것을 막기 위해서이다.

따라서 우주 음식은 가루나 부스러기가 발생하지 않는 재료를 사용하고, 국물이 밖으로 흐르지 않도록 용기 안에 흡수 패드를 넣는다. 또 봉지에 든 음식은 지구에서처럼 뜯으면 내용물이 사방으로 튈 수 있기 때문에 대개 가위로 잘라서 개봉하도록 만든다.

우주에서는 물이 매우 귀하기 때문에 자주 씻는 사람도 반기지 않는다. 우주에서는 물을 구할 수 없기 때문에 지구에서 가져가야 하는데, 물을 마시거나 씻는 데뿐만이 아니라 숨 쉴 때 필요한 산소를 만드는 데 사용하기도 한다. 그래서 우주에서는 물을 함부로 사용할 수 없다.

우주에서 샤워를 할 때는 간단하게 스펀지에 따뜻한 물을 적셔 온몸을 닦는다. 머리를 감을 때도 물이 필요 없는 샴푸로 머리를 감은 뒤 거품만 수건으로 닦는다. 이를 닦을 때도 물 없이 쓸 수 있는 치약을 사용한다. 간혹 우주인은 우주선의 밀폐된 샤워실에서 허공을 떠다니는 물방울로 몸을 닦기도 하는데, 샤워를 마친 뒤에는 벽에 묻은 물방울을 일일이 닦아 내야만 한다.

충치나 큰 흉터가 있는 사람은 우주 비행을 하기 힘들다. 우주는 진공이지만 우주선 내부에는 공기가 있다. 하지만 우주선의 기압은 지상의 6분의 1에 불과하다. 기압이 낮아지면 우리 몸 안에 숨어 있던 가스가 팽창하며 체강통을 일으킨다. 위장이나 뼈에서도 통증을 느낄 수 있고, 충

> **체강통**
> 고도가 높은 곳에서 기압이 낮아지면서 몸속의 공기가 팽창해서 나타나는 여러 가지 증상. 두통, 치통, 귀의 통증 등이 있음.

치로 생긴 치아의 빈 공간에 있던 공기도 팽창하면서 이에서도 심한 아픔을 느끼게 된다.

그래서 몸에 큰 흉터가 있는 사람은 우주로 나가면 위험할 수도 있다. 3센티미터 이내의 흉터나 맹장 수술 자국은 대개 괜찮지만, 이보다 큰 흉터는 기압이 낮아지면 터질 수도 있다. 우주인을 선발할 때 신체의 상처를 살피는 것도 이 때문이다.

우주 비행을 할 때에는 성격이나 대인 관계도 아주 중요하다. 어쩌면 우주에서는 몸이 아픈 것보다 마음이 힘든 것이 더 위험할 수 있다. 우주 비행을 하다 보면, 고립된 공간에서 소수의 사람들과 오랫동안 생활해야 하기 때문에 쉽게 지치고 우울증에 걸리기 쉽다. 그래서 동료들과도 잘 지내는 것이 중요하고, 자신의 마음도 잘 다스릴 수 있어야 한다.

실제로 1973년 미국의 우주정거장 스카이랩에 머물던 우주인 세 명은 대화도 없이 지나치게 각자의 업무에 몰두하다가, 마음의 안정을 잃고 결국 파업이라는 초유의 사태를 벌이기도 했다. 갑자기 하던 우주 임무들을 중단하면서, 휴식을 취하며 아름다운 우주 풍경을 마음대로 촬영하겠다고 한 것이다.

파업은 짧게 끝났지만, 이 일은 우주 비행사에게도 휴식과 마음의 안정이 필요하다는 것을 생각하게 하는 계기가 되었다. 우주에서 임무를 잘 수행하기 위해서는 체력과 전문성 외에도 정서나 마음 상태도 중요한 것이다. 우주에서는 어떤 일이 벌어질지 모르는 만큼, 어쩌면 우주인에게 가장 중요한 자질은 낙천적이고 원만한 성격 아닐까.

항공우주심리학이 뭐지?

2528년, 새로운 행성을 찾아 마지막 인류를 태우고 지구를 떠난 우주선 엘리시움호. 우주 비행을 하며 깊은 잠에 빠졌던 페이턴 함장을 비롯한 대원들이 하나둘 깨어나기 시작한다. 하지만 그들은 자신들이 누구고 임무가 무엇이었

는지를 기억하지 못한다. 그러다가 우주선 안에서 들려오던 소름 끼치는 소리를 쫓던 중 괴생명체의 공격에 쫓기고, 엄청난 공포를 맛보며 우주선의 비밀을 알게 된다.

영화 「팬도럼」의 줄거리다. 이 영화는 오랜 시간 우주 공간에서 생활한 사람에게 나타나는 극도의 정신착란 증세인 '팬도럼'을 다루고 있다. 장기간 우주에서 생활하다 보면 고립감과 불안감 등을 느끼게 돼 영화에서처럼 환각 증세를 보이거나 기억상실증이 생길 수도 있다. 아직 우주 공간에서 오랫동안 머물다 온 사람들의 숫자가 적어 명확한 증상이 밝혀지지는 않았지만 팬도럼은 실제로 존재한다.

1985년 소련 살류트 7호의 우주 비행사 바슈틴은 갑자기 열이 40도까지 오르며 흥분 증상을 보이기도 했다. 그래서 미국항공우주국은 2001년에 '우주 비행사가 팬도럼으로 인해 정신착란 증세를 보이면 손발을 묶어 놓으라'는 지침을 내리기도 했다.

이처럼 지상과 환경이 다른 우주에서 장시간 생활하는 것이나 항공기로 장시간 비행하는 일은 사람의 몸과 마음 상태에 적잖은 영향을 준다. 만약 우주 비행사의 심리 상태가 불안정하면 자칫 사고가 날 수도 있고, 지구로 돌아온 뒤에도 정상적인 생활을 하지 못할 수도 있다. 그래서 이런 문제들을 해결하기 위해 항공 우주 환경에서 사람들의 행동과 심리 상태가 어떻게 변하는지를 연구하는 분야가 있으니 바로 '항공우주심리학'이다.

항공우주심리학은 지상과 전혀 다른 항공 우주 환경에서 인간의 행동 변화를 연구해 그 환경에서 좀 더 안전하고 편안하게 생활하고 일할 수 있도록 돕는 인간과학의 한 분야다. 원래 항공심리학에서 출발했으

나 지금은 항공우주심리학으로 확대되어 사용되고 있다.

항공우주심리학은 1910년대 미국과 유럽에서 조종사 선발에 필요한 적성검사를 하면서 시작됐다. 이후 제1차 세계대전 때 많은 조종사가 필요해 연구가 활발하게 진행됐고, 제2차 세계대전을 겪으면서 두드러지게 발전했다.

항공우주심리학에 따르면 오랫동안 비행을 하다 보면 공간 및 방향 감각을 상실하기 쉽다고 한다. 지상에서 멀리 떨어진 상공이나 우주 공간에서는 자신의 위치와 자세, 방향을 정확하게 파악하기 어렵기 때문이다. 그래서 실제로 항공기가 위쪽으로 향해도 아래쪽으로 내려간다고 느껴, 기계에 표시되는 수치를 보며 당황하는 일이 벌어지기도 한다.

또 항공기가 높이 올라감에 따라 호흡할 수 있는 산소의 양이 줄고, 압력도 낮아져 '저산소증'이 생길 수도 있다. 저산소증은 신체의 반응을 느리게 만들고, 시력이나 기억력, 사고력, 판단력을 떨어뜨리며, 심리적 혼란 상태에 빠뜨린다. 그리고 마지막에는 의식을 잃고 죽음에 이를 수도 있다.

우주 공간의 무중력 환경도 인간의 행동에 큰 영향을 미친다. 가장 큰 문제는 우주적응 증후군, 즉 우주 멀미다. 우주 비행사의 약 40퍼센트는 무중력 환경에서 우주 멀미를 경험하는데, 이때는 일의 능률이 떨어지며 정신적 고통을 느끼게 된다.

우주 공간에서 나타나는 심리적 증후군도 연구의 대상이다. 심리적 증후군은 장기간 지구에서 떨어져 있어서 느끼는 고립감과 불안감, 공포감이 정서불안정이나 흥분으로 이어지는 현상을 말한다. 이런 증상은 시각과 청각, 사고력과 판단력 등에는 영향을 주지 않지만, 우주 비행사가 임무를 제대로 수행하는 데 방해 요소가 된다.

이처럼 지상과 다른 항공 우주 환경은 인간의 행동과 심리에 많은 영향을 미친다. 따라서 항공우주심리학에 대한 연구는 앞으로도 꾸준히 진행될 예정이다.

우주 비행사들이 물속에서 훈련하는 이유는?

우주 비행사들은 우주정거장에서 특별한 문제가 생기면 직접 우주 공간에 나가 해결해야 한다. 그렇기 때문에 무중력 공간에서 숙련되게 몸을 움직일 수 있도록 훈련을 한다. 하지만 지구에서는 어디에 있든 중력이 존재하므로 우주에서와 같은 무중력 환경을 만들기가 어렵다. 그래서 우주인들은 무중력 훈련을 하기 위해 물속으로 들어간다.

물론 물속에서도 모든 물체는 중력의 영향을 받는다. 하지만 물속에는 한 가지 힘이 더 존재해 중력의 영향을 줄일 수 있다. 그 힘의 정체는 바로 '부력'이다. 부력은 공기나 물속에 있는 물체가 중력에 반하여 위로 뜨려는 힘이다. 물체에 작용하는 부력이 중력보다 크면 물체는 뜨게 된다.

우주인은 물속에 들어가면 중력이 끌어당기는 힘과 물이 떠받치는 힘을 동시에 받게 된다. 결국 두 힘이 서로 상쇄되므로 마치 중력이 사

라진 것 같은 '유사 무중력' 상태에 있게 돼 물속에 뜨게 된다.

물속에 뜬 상태에서는 온몸에 고르게 힘을 받는다. 또 약한 힘을 받아도 쉽게 밀려나 무중력과 비슷한 상황을 느낄 수 있다. 비록 완벽한 무중력 상태는 아니지만 오랜 시간 동안 유사 무중력을 얻을 수 있어서, 우주인들이 무중력에 적응하는 훈련을 하는 데 효과적인 셈이다.

러시아의 가가린 우주인 훈련센터에는 수중 무중력 훈련 시설이 만들어져 있다. 깊이 12미터에 지름 23미터의 원형 탱크에 우주복을 입은 우주인들이 들어가 실제 무중력 상태와 비슷한 환경을 체험하게 된다. 우리나라의 이소연 박사도 이 장치에서 무중력 훈련을 한 적이 있다.

우주 비행사라면 꼭 타야 할 구토 혜성

우주인이 된다는 것은 무척이나 흥미진진하고 멋진 일임에 틀림없다. 지구가 잡아당기는 중력의 힘을 끊고 하늘 끝까지 차고 올라가 별들로 가득 찬 우주를 볼 수 있다는 것. 이런 경험은 전 인류 가운데 극히 소수의 사람들만이 누릴 수 있는 특권이기 때문에, 우주 비행사가 된다는 것은 영광스러운 일인 동시에 생명을 걸 정도로 무척이나 힘든 일이다.

우주 비행사, 즉 우주인이 되려면 엄격한 심사를 거쳐야 하고 많은 훈련을 받아야 한다. 우주인의 훈련 과정은 미국이나 러시아 모두 크게 차이는 없지만 양 국가의 특색에 맞게 짜여 있다. 보통은 자국의 우주인 프로그램에 따라 훈련을 받지만 국제우주정거장에서처럼 다른 나라의 장비를 사용해야 할 경우에는 상대 국가의 우주 훈련센터를 방문해 해당 장비에 대한 교육을 별도로 받는다.

이런 전문적인 훈련 외에 우주인이 되기 위해서 꼭 거쳐야 할 훈련이 있는데 그것이 바로 무중력 적응 훈련이다. 무중력 적응 훈련은 특수 제작된 비행기에 탑승해 고공으로 급상승한 뒤 약 30초 동안 공기의 저항이 없는 이상적인 궤적을 그리면서 자유 낙하를 반복하는 방식으로 이루어진다. 이때 우주인들은 무중력 상태를 경험하게 된다.

무척이나 재미있을 것 같은 훈련이지만 우주인들은 이 무중력 비행기에 재미와 전혀 어울리지 않는 별명을 붙여 놨다. 바로 구토 혜성(Vomit Comet)이다. 값비싼 돈을 들여 제작한 멋진 훈련기가 구토 혜성이라는 썩 호감 가지 않는 별명을 얻게 된 이유는 이 구토 혜성의 비행 방식 때문이다.

구토 혜성은 앞서 설명한 것처럼 무중력 상태를 인위적으로 만들기 위해 급상승과 급하강을 약 1~2분 간격으로 몇십 번 반복하게 된다. 이때 우주인은 급상승할 때는 중력 가속도를 더 느끼게 되는 +G 상태를 그리고 급하강할 때는 몸이 꺼지는 듯한 -G 상태를 반복해서 체험하게 된다.

이런 상태를 계속 반복하다 보면 처음에는 재미있다는 듯 둥둥 떠서 공중제비를 하던 사람들도 어느새 급격한 신체의 변화 때문에 속이 메스꺼운 것을 느끼고 토하게 된다. 그리고 옆에서 토하는 것을 보면 자신도 모르게 토하고 만다. 실제로 훈련에 참여한 우주인 대부분은 구토를 하게 된다고 한다. 이런 이유 때문에 이 비행기에 구토 혜성이라는 별명을 붙이게 된 것이다.

힘든 훈련은 기본이고 구토 혜성까지 타야 한다니 역시 우주인이 되는 건 쉽지 않나 보다.

우주에서도 울렁울렁, 멀미를 한다고?

구토 혜성까지 타고 훈련한 우주인들에게는 더 끔찍한 우주 멀미가 기다리고 있다. 우주에서도 멀미를 한다는 게 신기한가? 멀미란 자동차, 배, 비행기 등에 탔을 때 어지럽고, 구토가 나는 증상을 말한다. 주로 가속도와 흔들림이 원인이다. 특히 우주선은 가속도가 매우 크고, 지구와 전혀 환경이 다른 곳에서 운행되어 무척 심한 멀미를 불러온다.

미국항공우주국에 따르면 우주인 두 명 중 한 명은 우주 멀미로 고생한다고 한다. 우주인은 엄격한 검사를 통해 선발된 체력과 건강이 보장된 사람이다. 그런데 그런 우주인들도 절반이나 우주 멀미로 고생한다니, 우주선이 얼마나 멀미를 심하게 일으키는지 짐작할 수 있다.

하지만 아무래도 훈련을 한 전문 우주인보다 우주관광객이 더 자주 우주 멀미로 고생한다. 일본 TBS 방송국 기자였던 아키야마 도요히로는 소련의 유리 가가린 훈련센터에서 훈련을 받고 1990년 민간인 신분으로 미르 우주정거장을 다녀왔다. 아키야마 기자는 "우주선이 이륙하자마자 17분 45초 동안 계속 토했다."라고 말했고, 미르 우주정거장에서 일주일을 보냈는데 대부분의 시간을 멀미로 고생했다고 한다. 민간인 여성으로 최초로 우주 관광에 나선 사업가 아누셰흐 안사리도 국제우주정거장에 가는 동안 몇 번이나 토했다고 밝혔다.

그런데 이러한 멀미는 왜 일어나는 걸까? 우리 귓속에는 몸의 움직임을 감지하는 전정기관과 반고리관이 있다. 전정기관은 우리 몸의 기울기를, 반고리관은 회전을 감지한다. 자동차나 배는 속도를 냈다가 멈추기를 반복할 뿐 아니라 지속적으로 흔들린다. 이때마다 전정기관과 반고리관이 자극을 받는데, 이 자극이 계속되면서 뇌가 불쾌감을 느끼는 것이다. 따라서 움직임이 심한 교통수단을 탈수록 멀미도 심해진다.

또 전정기관과 반고리관과 상관없이 멀미가 생길 수 있다. 이때는 눈이 주요한 원인이다. 컴퓨터 게임을 좋아하는 사람이라면 주인공이 무기를 들고 이리저리 돌아다니는 1인칭 액션게임을 할 때 어지러움을 느낀 적이 있을 것이다. 게임을 하는 동안 손만 움직일 뿐인데도 차를 탔

을 때 멀미하는 것처럼 어지럽고 구토 증상이 나기도 한다.

이런 게임을 할 때는 게임 속 주인공의 시선과 나의 시선이 일치하며 내가 게임 속에 들어가 움직이는 듯한 느낌을 받게 된다. 그러다 보니 게임 속의 주인공이 달리거나 고개를 돌릴 때마다 주변 배경도 휙휙 바뀐다. 하지만 현실의 나는 컴퓨터 앞에 가만히 앉아 손만 움직일 뿐이다. 눈을 통해 받은 시각 정보는 빠르게 바뀌는데, 전정기관과 반고리관은 제자리에 가만히 있다. 이렇게 시각 정보와 몸의 정보가 서로 다르기 때문에 뇌가 피곤을 느껴 멀미가 나는 것이다. 빙글빙글 돌아가는 무늬를 쳐다볼 때 어지러움을 느끼는 현상도 같은 원리다.

우주선의 환경은 여러모로 멀미를 일으키기 딱 좋다. 지상에 세워져 있던 우주선은 발사 신호와 함께 엄청난 가속도로 하늘로 치솟는다. 일반 교통수단의 가속도에 비할 바 아니다. 견디기 힘든 속력의 변화에 몸이 견디지 못하면 멀미가 올 수 있다. 대기권에 진입한 뒤 우주선은 보통 자체 축을 기준으로 빙글빙글 돌면서 목적지까지 이동한다. 이때 눈앞의 경치가 계속 바뀌면서, 시각 정보와 몸의 정보가 혼동을 일으키면서 또 멀미가 생긴다.

국제우주정거장에 도착하면 멀미가 사라질 것 같지만 천만의 말씀이다. 이곳에서는 위아래를 구별하는 감각이 혼동을 일으키기 시작한다. 귓속 전정기관은 중력을 기준으로 위아래를 판단하고, 눈은 천장과 바닥을 보고 판단하는데 여기에 문제가 생기는 것이다. 이곳에는 중력도 없고, 위아래도 없다. 국제우주정거장에서는 임의로 한쪽 벽에만 전등을 달아 천장으로 삼고 있지만 처음 온 우주인이 적응하려면 시간이 꽤 걸린다.

또 이곳은 중력이 없어 위장 속의 음식이 둥둥 떠다니기 때문에 꺼억하고 트림을 하기 힘들다. 덕분에 위장 속에 가스가 잔뜩 차 있는 채로 지내기 쉬운데, 소화가 잘 되지 않아 멀미가 생길 수 있다. 평소 소화불량이 생겨 속이 더부룩하고 메슥거릴 때 멀미와 비슷한 증상이 일어나는 걸 떠올리면 이해하기 쉬울 것이다.

멀미가 생겨 구토라도 하게 된다면 여간 낭패가 아니다. 토한 음식이 공중을 둥둥 떠다니기 때문이다. 수거해서 치우는 것도 보통 일이 아니고, 더욱이 정교한 전자 장비에 들어가기라도 하면 큰일이다. 따라서 구토할 낌새가 보이는 우주인은 반드시 특별히 제작된 비닐봉투를 이용해야 한다.

그럼 우주인들은 우주 멀미를 어떻게 극복할까? 우선 우주인을 위한 멀미약이 있다. 미국항공우주국에서 개발한 '피너건'(Phenergan)은 주사하는 멀미약이다. 우주에서 알약은 위장에서 둥둥 떠다녀 흡수가 느리기 때문에 주사 형태로 개발되었다. 하지만 계속 졸리고 눈앞이 흐려지는 단점이 있다. 그래서 장기간 우주에서 생활해야 하는 우주인들은 평형감각을 의식적으로 조절하는 '자율훈련법'으로 멀미를 극복한다. 우주 멀미 하나만 보더라도 우주인의 생활이 그리 만만치 않은 일임을 알 수 있다.

우주복은 1인용 지구

SF 영화에 나오는 우주인들은 다양한 우주복을 입는다. 몸에 딱 붙어 날씬한 각선미를 자랑하는 우주복에서부터, '저걸 입고 움직일 수 있을까' 싶을 정도로 온몸을 두텁게 감싸 혼자 입기도 힘든 우주복까지, 그 형태가 다양하다. 우주인들은 우주선을 떠나 우주 유영을 하거나 행성에 발을 디딜 때 반드시 헬멧과 각종 생명유지 장치가 달린 우주복을 입는다.

우주복은 우주인의 생명을 유지하고 몸을 보호하는 필수품이다. 공기와 압력이 유지되는 우주선 안에서는 비교적 평상복에 가까운 우주복으로 버틸 수 있지만 우주선 밖으로 나가면 이야기가 달라진다. 지구와는 전혀 다른 우주만의 특수한 환경 때문이다.

잘 알고 있는 것처럼 우주에는 공기가 없다. 따라서 산소를 호흡해야 살아갈 수 있는 인간은 우주에 나갈 때 우주복을 입어야 한다. 우주복의 얼굴 부분에 달린 팬으로 산소를 공급받아야 하기 때문이다. 산소를 마신 이상 반드시 내뱉어야 하는 이산화탄소는 손목과 발목에 달린 장치를 통해 필터로 이동해 제거된다. 이 두 가지 장치가 없으면 우주복 안에서 우주인이 질식하는, 별반 아름답지 않은 풍경을 봐야 할지도 모른다.

차가운 겨울날, 손에 입김을 내뿜으면 손바닥에 아주 작은 물방울이 몽글몽글 맺히는 것을 볼 수 있다. 호흡을 할 때 수증기가 함께 만들어진다는 증거다. 우주복 헬멧 안에도 이 수증기가 끼어, 자외선을 가리고 밖을 내다볼 수 있게 하는 '선바이저'를 흐려 놓곤 한다. 우주복 안에 생기는 수증기는 물 분리 장치에 의해 우주복 '냉각수'의 일부로 쓰인다.

냉각수는 두꺼운 우주복 안에 '갇힌' 우주인을 시원하게 해준다. 우주복에서도 피부에 가장 가까운 쪽에 있는 층에는 총 92미터 가량의 플라스틱 튜브가 들어 있다. 이 튜브 안에 시원한 물이 흐르며 우주인의 체온을 조절하는 것이다. 만약 체온이 너무 내려가면 냉각수가 흐르는 것을 멈출 수도 있다. 태양 빛이 있으면 120

도 이상, 아니면 영하 120도 이하로 널뛰기하는 우주의 온도에서 우주인을 지키는 것 역시 우주복의 몫이다.

산소와 온도 외에 반드시 '해결'해야 하는 문제는 압력이다. 앞서 말한 것처럼 우주에는 공기가 없어 기압이 0이다. 반면 사람의 몸은 지구 대기압인 1기압에 익숙해져 있다. 만약 사람이 그냥 맨몸으로 우주에 나가면 피를 포함한 몸속의 액체가 모두 끓어올라 그대로 죽고 만다. 이 때문에 우주복은 일정한 압력을 유지한다.

다만 우주복 내부의 압력은 0.3기압 정도로 대기압보다 훨씬 낮기 때문에 멋도 모르고 그냥 우주복을 입었다가는 잠수병이 생길 수 있다. 잠수병은 잠수부들에게 많이 생긴다고 해서 이름 붙여진 병이다. 잠수부가 압력이 높은 깊은 바닷속에서 천천히 올라오면 몸속의 질소가 조금씩 기체로 변해 허파를 통해 몸 밖으로 빠져나가지만, 갑자기 올라오면 급격히 압력이 낮아지면서 혈액 속의 질소가 끓어오르며 기포가 생긴다. 그러면 그 기포들이 혈액 순환을 막아 신체에 이상이 생기는 것이다. 콜라병의 뚜껑을 딸 때 안에 녹아 있는 이산화탄소가 '쏴아' 하면서 기체 방울로 나타나는 것과 같은 원리다. 이를 방지하기 위해 우주인은 우주에 나가기 전 미리 순수한 산소를 마시며 몸속의 질소를 산소로 바꿔 준다.

우주복은 혹시 일어날지도 모르는 각종 사고에 대비하기 위해 열한 겹의 특수 직물들로 구성됐다. 체온유지튜브가 달린 '내복' 위에는 송풍관이 장착된 가벼운 나일론 층이 있다. 이 위에는 고무가 코팅된 나일론 직물이 몇 개의 층을 이룬다. 단열을 위한 알루미늄 코팅섬유와 폴리아

미드 섬유, 그리고 부직포도 우주복의 주요 재료다. 가장 바깥쪽에는 프라이팬 바닥으로 주로 쓰이는 테프론이 장착돼 우주의 급격한 온도 변화로부터 우주인을 보호하고 우주복 속의 압력을 유지한다. 장갑 끝에는 외부의 자극을 더 잘 느끼기 위해 실리콘고무가 부착되어 있다. 그리고 우주선 밖으로 나갔을 때 일어날지도 모르는 사고나 유성, 우주 먼지와 충돌할 때를 대비해 직물들을 '질기게' 만들어 놓은 것은 물론이다.

그래서 아폴로 11호를 타고 최초로 달에 발을 디딘 닐 암스트롱과 버즈 올드린이든, 우리나라 이소연 박사든, 우주로 나가는 우주인은 모두 하얗고 큼지막한 우주복으로 몸을 감싸게 된다.

'1인용 지구'라고 불러도 될 만큼 정교한 우주복의 제작 기술은 생활용품에도 응용됐다. 대표적인 예가 '에어맥스'라는 이름으로 유명한 운동화다. 이 운동화는 우주복에 쓰인 것과 같은 신소재로 만들어져 공기를 머금고 압력을 유지시킨다. 또 우주복에 공기를 넣는 기술을 이용해서 어느 정도 달리면 바닥의 에어쿠션에 새 공기가 들어오는 운동화도 등장했다. 우주복이 우주인을 보호하듯 쿠션의 힘이 우리 발을 감싸 주는 셈이다.

우주복을 입고 얼마나 버틸 수 있을까? 우주복은 보통 약 여덟에서 열한 시간 정도 우주인을 보호할 수 있도록 만들어졌다. 우주선 밖으로 나갔을 때 우주선과의 연결줄을 놓치거나, 시간이 많이 걸리는 작업을 할 경우 최대 열한 시간까지는 우주복 하나만으로 살아남을 수 있다는 이야기다. 그러나 48킬로그램에 달하는 우주복을 입은 채 차갑고 막막한 우주에서 움직이는 것 자체가 너무나도 힘든 작업이기 때문에 국제

우주선 안에서는 방귀 조심!

우주정거장의 우주 유영 시간은 여섯 시간 정도로 정해져 있다.

물론 다가올 우주 시대에 대비하기 위해서는 우주복을 입고 좀 더 편안하게, 그리고 오래 움직일 수 있어야 한다. 이 때문에 무겁고 장시간 입을 수 없는 현재 우주복의 '단점'을 보완하기 위한 연구가 한창이다. 미국이나 러시아 등 '우주 강국'들은 가벼운 탄소합금이나 티타늄 소재로 훨씬 가볍고 입고 벗기 편한 새 우주복을 만들어내기 위해 고심하고 있다. 얼마 전에는 미국의 한 대학 연구팀이 특수 섬유를 이용해 마치 '스파이더맨' 수트처럼 온몸에 짝 달라붙는 우주복을 설계해 발표했다. 2006년 일본에서는 '우주 관광 시대'를 대비해 '무중력 웨딩드레스', '망토와 원피스 형태의 우주복' 등 패션 감각을 살린 우주복이 등장한 패션쇼가 열려 사람의 시선을 모으기도 했다.

물론 하늘거리는 얇은 천에만 의지해 우주로 나가는 것은 아직 너무 큰 모험이다. 그러나 현재의 기능을 유지하되 가볍고 기동성도 한껏 살린 우주복은 조만간 등장할 전망이다. 달에 기지가 지어지고 화성으로 여행을 다닐 수 있을 무렵이면 화사하고 아름다운 우주복들이 별빛 사이를 수놓을 수 있지 않을까.

우리도 우주 비행사! 동물들의 우주 활약기

1957년 10월 4일 카자흐스탄의 사막에서 발사된 소련의 '스푸트니크 1호'는 미국과 소련을 중심으로 한 우주 시대를 활짝 열었다. 1961

년 세계 최초로 우주 비행사 '유리 가가린'이 지구 궤도를 돌며 푸른 지구를 내려다보는 데 성공했고, 1969년 미국의 '닐 암스트롱'이 달에 발자국을 새겼다.

그런데 유리 가가린보다 먼저 우주로 나가는 데 성공한 생명체가 있다. 사람이 아니기 때문에 '역사'에는 이름을 남기지 못했지만, 우주에 이름을 남긴 동물들은 수없이 많다. 영리한 개와 원숭이, 번식이 빠른 쥐, 이 외에도 송사리, 거북, 심지어 해파리까지 우주로 나갔다. 왜 사람보다 동물들을 우주로 먼저 보낸 것일까?

1950년대까지 우주에 가본 사람은 아무도 없었다. 그렇기 때문에 사람이 우주로 나가도 될지 안 될지, 나가면 어떤 일이 벌어질지 아는 사람도 없었다. 그렇다고 중력도 없고 공기도 없는 미지의 공간인 우주에 덜컥 나갈 수도 없었다. 나갔다가 무슨 사고라도 당한다면 큰일 아닌가. 그래서 우주 개발 초기의 과학자들은 동물을 우주로 보내 안전을 확인하려 했다.

1948년 미국에서는 V-2라는 로켓에 원숭이 '앨버트'를 실어 우주로 쏘아 올렸다. 그렇지만 앨버트는 슬프게도 로켓 안 선실에서 그대로 죽고 말았다. 당시 과학자들은 열악한 로켓 내부 환경과, 우주로 나갈 때 가해지는 고중력이 원인이 아닐까 추측했다. 이후 10년간 미국은 열 번이나 동물을 우주로 보냈지만 아무도 살아서 돌아오지 못했다. 그러나 미국과 소련은 포기하지 않고 계속 시도했다.

세계 최초로 우주 궤도 비행에 나선 동물은 떠돌이 개 '라이카'다. 1957년 11월 3일 스푸트니크 2호를 타고 우주로 나간 라이카는 위성

안에서 숨을 거두고 말았다. 과학자들은 기내 과열과 산소 부족이 원인일 것이라고 추측했다.

결국 1959년이 되어서야 우주에서 살아 돌아온 첫 번째 동물이 등장했다. 미국이 로켓 '주피터'에 태워 보낸 원숭이 '에이블'과 '베이커'다. 하지만 한 번 쏜 로켓이 포물선 운동을 한 뒤 다시 지구로 돌아온 것에 불과해서 진정한 의미의 '우주여행'을 했다고 보긴 어렵다.

그런데 왜 동물 중에서 원숭이나 개를 먼저 보냈을까? 원숭이는 사람과 가장 가까운 동물이라 우주 공간에서 인체가 어떻게 변할지 가장 알기 쉽기 때문이다. 그리고 개나 원숭이 모두 훈련시키기 쉽다는 이유도 있다.

사람들의 노력이 쌓여 1960년, '스트렐라'와 '벨카'라는 개 두 마리가 지구 둘레를 열일곱 바퀴나 돌고 무사히 돌아왔다. 이후 1961년에는 실제 우주 비행사를 태워 보내기 위해 미리 시험용으로 무게를 맞춘 우주인 모형과 개 체르무쉬카, 생쥐와 기니피그를 싣고 떠난 스푸트니크 9호가 성공적으로 우주에 다녀왔다.

에이블과 베이커의 성공 뒤 주춤했던 미국은 원숭이와 침팬지 20마리를 대상으로 '우주 비행사' 훈련을 시작했다. 잘했을 때는 달콤한 사탕을, 실수했을 땐 전기충격을 주며 엄하게 가르친 결과 6마리가 최종 선발되었다. 그리고 1961년 1월, 침팬지 '햄'이 전문적인 우주 비행사로서 우주에 나갔다가 성공적으로 돌아왔다. 이후 사람이 우주 비행사로 나설 수 있는 첫길을 터놓은 셈이다.

그 밖에도 우주 공간에서 걸릴 수 있는 각종 질병이나 우주에서의 운동 능력 등을 확인하기 위해 거미부터 거북까지 별별 동물이 다 '출동'했다. 1991년에는 무중력 공간에서 생물체의 몸이 어떻게 변하는지 알아보는 대규모 실험이 있었다. 쥐 30마리와 해파리 2,478마리가 사람의 손에 들려 나가 근육과 뼈, 세포의 변화를 알려 주고 지구로 돌아올 때의 중력 적응 과정도 보여 줬다.

94년에는 송사리 4마리가 우주로 나가서 교미를 하고 알을 낳았다. 이들은 미국항공우주국의 엄격한 선발 과정을 거쳐 뽑힌 '슈퍼' 송사리들이다. 송사리를 병 안에 넣고 여러 곳에서 빛을 쬐어 제대로 반응하는 송사리만 골라낸 것이다. 우주 멀미에 강한 부모가 낳은 알 가운데서 새끼 송사리 8마리가 무사히 태어났다. 지구 역사상 최초로 우주에서 태어난 생물체다.

이때 송사리와 함께 우주로 간 동물은 금붕어 6마리, 해파리 126마리, 도롱뇽 4마리, 성게 1만 1,200마리, 파리 500마리 등이다. 말 그대로 '우주 동물원'이었던 셈이다. 이 외에도 98년에는 우주 멀미나 불면증 같은 우주병의 증상을 알아보기 위해 쥐 152마리, 복어 4마리, 달팽이 60마리, 귀뚜라미 1,500마리 등이 사람과 함께 우주여행에 나섰다. 우주로 나갈 사람들이 훈련을 받고 있을 때, 그 뒤에선 동물도 엄격한 과정을 거쳐 선발되고 훈련을 받고 있었던 것이다.

우주로 먼저 나간 동물들이 없었다면 사람들은 감히 우주로 나갈 엄두도 내지 못했을 것이다. 그렇지만 사람처럼 말을 하고 자신의 능력을 알릴 수 없기 때문에 동물들의 활약상은 쉽게 잊히곤 한다. 밤하늘을 올려다볼 때, 별빛 사이사이 그들의 활약이 숨어 있다는 것을 떠올려 보자. 그리고 지금도 우주왕복선에 실려 수많은 동물들이 우주로 나가고 있다는 것을 기억하자. 동물은 '우주 시대'를 활짝 연 또 하나의 주역이다.

우주 장미의 달콤한 향기를 맡다

사람과 동물만 우주에 간다? 아니다. 식물도 우주에 간다. 사람들은 우주에서 식물이 어떻게 변할까를 항상 궁금해했다. 그래서 장미와 식물 씨앗을 들고 우주로 향했다. 과연 우주로 날아간 장미와 식물 씨앗에 어떤 변화가 일어났을까?

지난 1998년 우주로 떠난 미국의 우주왕복선에는 장미 두 송이가 함께 실렸다. 이 실험은 일본의 화장품 회사인 '시세이도'에서 낸 아이디어였다. 꽃은 뿌리를 내리는 땅은 물론 빛, 온도, 습도, 심지어는 주변에서 나는 소리에 따라서도 향기가 변한다고 한다. 과연 지구와 다른 환경인 우주에서 장미는 어떤 향을 낼까? 혹 지구에서 맡은 향기로운 장미향을 우주에서는 맡을 수 없지는 않을까?

다행히도 우주에서도 장미는 향기로운 꽃이었다. 장미를 우주에 데려간 우주인들은 우주 장미의 향기를 막대에 묻혀 향이 날아가지 않도록 꼭꼭 밀봉하여 지구로 가져왔다.

우주 공간에서 자라는 식물은 무중력이라는 특수한 공간 때문에 지구에서와 다르게 성장한다. 그래서 같은 장미라도 우주 장미는 지구에서 자란 장미와는 조금 다른 향과 색깔을 냈다. 맡아 본 사람들의 말로는 우주 장미의 향기는 지구에서 지금껏 맡아 보지 못했던 신비스러운 우아함을 지녔다고 한다. 시세이도는 우주 장미의 향기를 분석해 '젠'이라는 새로운 향수를 만들었다.

장미 외에도 많은 식물이 우주에 다녀왔다. 지금까지 우주에 다녀온 씨앗만 해도 벼, 밀, 유채, 피망, 오이, 토마토, 파, 수박 등 800여 종에 달한다. 여기서 주목할 점은 우주에 다녀온 벼는 평균 약 20퍼센트, 밀은 9퍼센트의 생산량 증가를 보였다는 것이다. 또 우주에 다녀온 오이는 야구방망이만 하게 자랐고, 토마토는 지구에서 재배한 토마토보다 비타민A 함량이 더 높았다.

미국항공우주국도 2002년 우주왕복선 애틀랜티스호를 이용해 우주에서 재배한 콩을 가져오는 데 성공했다. 중력이 없는 극한의 공간에서 식물이 자라기 어려울 것이라는 일반적인 예상을 깨고 우주정거장에서 재배한 콩은 성장 속도가 지구에서보다 빨랐으며, 단백질 함량까지 높았다.

지상 200~400킬로미터의 무중력 우주 공간을 다녀온 씨앗은 왜 지구의 씨앗과 다른 것일까? 아직 그 원인에 대해서 구체적으로 밝혀진 것은 없다. 다만 무중력 상태와 우주 방사선 등 지구에 없는 특수한 환경이 식물의 유전자를 바꾸고 돌연변이를 만드는 것으로 추측할 뿐이다. 우리나라를 비롯해서 우주를 꿈꾸는 많은 나라들은 우주에서 각종 식물 실험을 하고 있지만, 정확한 실험의 결과는 실험국만이 알고 있을 뿐 공식적으로 공개하지 않은 것이 원칙이다.

이소연 박사가 다녀온 국제우주정거장에는 '우주 정원'이 있다. '우주 정원'은 우주인들의 스트레스를 줄이는 데 효과가 있다고 한다. 그리고 각종 실험을 통해 우주 식물에 대한 비밀을 밝히는 데도 큰 역할을 하고 있다. 지금도 우주 공간에는 지구에서와 마찬가지로 각종 식물들이 자라나고 있다. 우주 식물의 신비가 풀리는 날, 지구의 식탁에서 맛있는 우주 식물을 맛볼 수 있지 않을까.

우주에서 즐기는 김치 한 조각의 여유

우주인들은 우주에서 어떤 음식을 먹을까? 외국에 오래 있게 되는 사람들은 한 번 정도는 한국 식당에 들러 음식을 먹는다고 한다. 한국 음식을 먹으면 왠지 집에 대한 향수도 잊고 다시 여행할 힘을 얻을 수 있기 때문이다. 우주여행을 하는 우주인도 마찬가지다. 친숙한 음식은 영양도 좋을 뿐만 아니라 우주에서 임무를 수행하는 데 심리적으로도 많은 도움을 준다.

현재 국제우주정거장에서는 300여 종의 다양한 우주 음식을 맛볼 수 있다. 하지만 대부분 미국과 러시아 우주인의 입맛에 맞춰져 있어 다른 나라에서는 별도의 우주 음식을 만들어 가져간다. 스페인 우주인은 스페인의 전통요리인 파에야(여러 가지 해산물과 고기 등을 넣은 볶음밥)를, 프랑스 우주인은 집오리 요리와 참치 요리를, 일본 우주인은 타코야키, 카레, 라면을 우주에서 먹었다.

우리나라 이소연 박사도 한국 음식을 가져갔다. 민간 기업과 한국식품연구원, 한국원자력연구원에서 공동 개발한 한국 우주 음식은 러시아연방우주국 의생물학연구소에서 우주로 가져가도 좋다는 허가를 받았다. 우리의 우주 음식은 김치, 밥, 고추장, 된장국, 라면, 볶음 김치, 녹차, 홍삼차, 생식바, 수정과까지 총 열 종이다.

지구에서는 편하게 먹을 수 있는 음식이라도 우주에서는 위험한 음식이 될 수 있기 때문에 엄격한 기준을 만족해야 한다. 무게가 가벼워야 하고, 불에 타도 유해한 가스가 나오지 않고, 냉장고에 넣지 않고도 1년 동안 보관할 수 있어야 한다. 또 전자 장비에 피해를 주지 않도록 미세한 가루가 날리지 않아야 하고, 특별히 조리하지 않아도 먹을 수 있어야 한다.

특히 우주선에는 냉장고가 없기 때문에 상온에서 장기간 보관할 수 있느냐가 중요하다. 그래서 우주에서는 영하 40도의 진공 상태에서 건

우주선 안에서는 방귀 조심!

조했다가 물을 부어 조리해 먹는 '동결건조 음식'이 많이 이용된다. 이 음식은 보관이 쉽고 무게도 가벼워 미국 우주 음식에 많은 편이다. 우리나라의 볶음 김치, 된장국, 홍삼차, 녹차도 동결건조 기술을 통해 우주 음식이 됐다. 볶은 김치는 더운 물 75밀리리터를 넣고 5분을 기다린 뒤 포크나 스푼으로 떠먹으면 된다.

고압 상태에서 고온으로 가열해 살균한 '온도 안정화 음식'도 있다. 3분 요리 같은 레토르트 음식이나 통조림을 생각하면 된다. 동결건조와 달리 적당한 수분이 있어 우주선에서 전기오븐으로 데우기만 하면 바로 먹을 수 있는 장점이 있다. 미국에서 새로 개발하는 우주 음식은 대부분 레토르트 음식이고, 러시아는 통조림을 주로 개발한다. 특히 우리나라 우주밥은 우주 음식으로는 드물게 수분 함량이 65퍼센트나 되어 전기오븐으로 10분만 데워도 맛있는 밥을 먹을 수 있다.

많지는 않지만 방사선을 이용해 살균하는 방사선 조사 음식도 있다. 대개 고기류를 이렇게 살균하는데 우리의 우주 음식 가운데 김치, 라면, 생식바, 수정과가 이에 속한다.

김치는 우리가 평소 먹는 일반 김치와 비슷한 형태로 방사선을 쬐어 멸균한 뒤 원터치 캔에 넣어 보관한다. 무중력인 우주선에서 캔 뚜껑을 열었을 때 김치 국물이 튀어 여기저기 날아다니는 문제를 방지하기 위한 특수 장치도 있다. 캔 내부에 김치 국물을 흡수할 수 있는 식품용 특수패드가 들어 있어 국물이 새지 않도록 막아 준다.

우주 라면도 흥미롭다. 국제우주정거장은 물 온도에 제한을 두기 때문에 우주 라면은 70도의 물에서도 잘 익는다. 국물이 둥둥 떠다니지 않도록 국물 없는 비빔면 형태로 제작됐기 때문에 포크로 떠먹어야 한다.

특별한 처리 없이 그대로 가져가는 음식도 있다. 땅콩, 비스킷, 사탕이나 신선한 과일과 야채는 아무런 변형 없이 우주로 가져간다. 다만 이런 음식들은 쉽게 변질되기 때문에 가져간 뒤 수일 이내에 먹어야 한다.

우주에서 먹는 음식은 맛이 어떨까? 무중력 상태에서 생활하는 우주인은 피가 머리에 많이 몰려 미각이 둔해지기 때문에 맛이 강해야 잘 느낄 수 있다. 그래서 우주인들은 음식에 맛이 강한 소스를 뿌려 먹는 것을 좋아한다. 취향에 따라 칠리소스나 타바스코, 케첩 같은 소스를 뿌린다. 후추나 소금은 가루가 날리지 않도록 액체 상태로 되어 있다. 이소연 박사는 고추장을 소스로 가져갔다.

　현재 국제우주정거장에서는 러시아와 미국의 모듈 외에 일본과 유럽의 실험 모듈이 부착되어 일본과 유럽의 음식도 제공되고 있다. 미국 음식 200가지와 러시아 음식 100가지 외에 프랑스, 이탈리아, 캐나다, 일본 음식 100여 가지가 있는 셈이다. '국제'우주정거장이라는 명성에 걸맞게 우주에서도 세계 음식을 맛볼 수 있게 되는 셈이다.

우주선에서 몰래 샌드위치를 먹은 우주인, 존 W. 영

　우주에서는 중력이 없기 때문에 식사를 할 때 특수하게 제작된 우주 식품을 먹게 된다. 지금은 많은 종류의 우주 음식이 개발되어 고체나 젤리, 분말 등 형태나 종류도 다양해졌지만, 우주 개발 초기에는 튜브 형태의 몇 가지 음식만 있었다. 이 때문에 유인 우주 비행을 시작하던 초기의 우주인들은 미지의 우주로 나가기 위해 목숨을 아끼지 않는 용기와 함께 맛없는 우주 식품을 먹어야 하는 용기도 필요했다.

　하지만 어디에서나 괴짜는 있는 법! 2인승 제미니 3호 우주선에 탑승한 존 W. 영은 우주선 음식이 맛없을 것 같아 미국항공우주국 몰래 콘드비프(Corned Beef) 샌드위치를 가지고 탑승했다. 그리고 그 샌드위치를 같이 탑승한 버질 그리섬과 같이 몰래 나눠 먹었다고 한다.

　하지만 이 세상에 완전 범죄는 없는 법. 두 사람의 비밀로 끝날 뻔한 이 행동은 제미니 우주선이 지구로 귀환하여 우주인을 꺼내는 도중 우주선 내부에서 콘드비프 냄새가 나면서 들통 나게 되었다. 우주선에서 허가되지 않은 음식을 먹는 것은 별것 아니라고 생각할 수 있지만 작은 실수나 기계 고장이 대형 참사로 이어질 수 있기 때문에 매우 위험한 행동이었다.

이 사건 이후로 미국항공우주국은 우주인이 탑승하기 전 개인 소지품을 더욱 꼼꼼하게 조사하게 되었다고 한다. 재미있는 사실은 이런 실수를 저지른 존 W. 영은 이 사건으로 인해 우주 비행사에서 제외된 것이 아니라, 그 이후로도 여러 우주 비행에 참가하여 총 여섯 번 우주로 올라간 우주인이 되었다는 것이다. 비록 성격은 괴짜이지만 그 실력만큼은 미국항공우주국에서도 인정한 셈이다.

우주에서 물 마실 땐 무중력 컵

커피를 무척 좋아하는 미국항공우주국의 우주 비행사, 돈 페티트 박사는 국제우주정거장에서도 커피 한잔의 여유를 즐기고 싶었다. 하지만 우주에서 지구에서처럼 커피 잔을 들고 천천히 마실 수는 없는 법. 무중력 상태에서 액체를 따르면 동그란 방울 모양으로 사방에 퍼지기 때문이다. 과연 페티트 박사는 우주에서 커피를 마시기 위해 어떤 방법을 썼을까?

무중력 상태에서 뿔뿔이 흩어진 액체를 마시는 일은 쉽지 않다. 만약 뜨거운 커피를 마시려 든다면 몸을 델 위험도 있다. 그래서 우주 비행

사들은 오렌지 주스 같은 음료를 먹기 위해 은색 주머니와 플라스틱 빨대를 이용한다. 물론 페티트 박사도 이 방법은 알고 있었다. 하지만 그는 액체를 '빨아먹지' 않고 '마시고' 싶었다.

그래서 페티트 박사는 무중력 상태에서도 사용할 수 있는 컵을 만들기로 했다. 컵을 만들 재료로 선택한 것은 비행 정보가 기록된 문서의 표지에서 찢어 낸 플라스틱 조각. 문서를 덮고 있던 플라스틱 조각은 OHP 필름처럼 생겼는데 동그랗게 말면 컵처럼 공간을 만들 수 있다. 페티트 박사는 플라스틱 조각을 말고 한쪽 끝을 붙여 옆에서 보면 비행기 날개 모양으로 생긴 컵을 만들었다.

이 컵의 가장자리를 따라 커피를 부으면 신기하게도 커피가 뿔뿔이 흩어지지 않고 컵 안에 가만히 자리 잡는다. 커피와 플라스틱 판 사이에 서로 끌어당기는 힘이 작용했기 때문이다. 플라스틱을 붙인 부분으로 컵을 기울이면 커피를 마실 수 있다.

페티트 박사가 만든 이 컵은 '무중력 상태에서도 액체를 담아 마실 수 있다'는 의미로 '무중력 컵(Gero-G cup)'이라는 이름이 붙었다. 플라스틱 판이 아니라도 액체를 끌어당겨 표면에 붙어 있게 하는 소재가 있다면 다른 형태의 무중력 컵도 만들 수 있을 것이다.

무중력 컵을 이용하면 우주인들도 지구에서처럼 물과 음료를 마실 수 있다. 먼 훗날 우주여행을 떠나게 될 때 무중력 컵을 이용하는 상상을 해보자. 우주 한복판에서 여유롭게 즐기는 커피 한잔의 여유, 상상만 해도 좋지 아니한가.

우주인들은 어떻게 잘까?

지구에서 하루는 24시간이다. 지구가 태양 주위를 24시간에 한 바퀴씩 돌기 때문이다. 그런데 국제우주정거장은 90분에 한 번씩 지구를 돈다. 45분마다 밤과 낮이 바뀌는 셈이다. 그래서 국제우주정거장에서는 24시간 동안 해가 뜨고 지는 것을 열여섯 번이나 볼 수 있다. 이렇게 자주 해가 뜨고 지는데, 우주인들은 편하게 잠을 잘 수 있을까?

우주인들이 편하게 여덟 시간 정도 자려면 우선 밤낮의 변화를 느끼지 않아야 한다. 그래서 안대를 하고 창문을 모두 닫아 햇빛을 차단한 채 잠을 청한다. 우주인들은 침낭에 들어가서 자는데, 자는 동안에는 벨트로 침낭을 묶기도 한다. 잠자는 동안 공중을 떠다니며 벽에 부딪치는

것을 막기 위해서다.

우주인들이 자는 모습을 처음 보는 사람은 우주인이 서서 잔다고 생각할 수 있다. 하지만 우주 공간에는 중력이 작용하지 않아 바닥과 천장이 따로 구분되어 있지 않다. 우주인은 누워 있어도 서 있는 것과 마찬가지인 셈이다.

우주인들의 잠을 방해하는 것은 또 있다. 우주선 내부의 각종 기계에서 나오는 소음이다. 보통 잠자는 데 방해되는 소음은 40데시벨 정도인데, 우주선 내부의 소음은 60~70데시벨 수준이다. 우주선 바깥에는 소리를 전달할 공기가 없어 소음이 빠져나가지 않고 우주선 내부를 맴돌기 때문이다. 그래서 우주인들은 귀마개를 사용하거나 수면제를 먹기도 한다.

우리가 밤에 자고 낮에 깨어 있는 것은 뇌 속의 생체 시계 때문이다. 아침에 해가 뜨면 몸속의 생체 시계가 우리를 깨우고, 해가 지면 잠을 재우는 것이다. 혈압이나 체온을 조절하는 자율신경계와 생체 리듬에 관여하는 멜라토닌 같은 호르몬도 밤과 낮의 일정한 리듬에 따라 작동한다.

하지만 우주에서 잠을 자다 보면 이런 생체 시계가 망가질 수 있다. 밤과 낮이 너무 자주 바뀌므로 몸의 리듬이 밤낮의 변화를 따라가지 못하는 것이다. 그래서 우주정거장 '미르'에서 5개월 정도 생활했던 우주인들은 우주 생활을 시작한 지 3~4개월 뒤 밤낮에 대한 감각이 사라지는 '우주 시차병'에 걸리기도 했다.

우주에서 편지를 쓸 때는 우주펜이 최고

기압과 중력이 거의 존재하지 않는 우주. 그곳에서 글씨를 쓰려면 어떻게 해야 할까? 지구에서 사용하는 필기구들로 글씨를 쓸 수 있을까? 이러한 궁금증을 해결하기 위해 지난 2008년 4월, 이소연 박사는 우주에서 여러 가지 필기구로 글씨를 써 봤다.

그 결과 붓펜과 연필로는 글씨를 쓸 수 있었지만, 볼펜으로는 글씨를 쓸 수 없었다. 그 이유는 바로 우주에서는 중력이 작용하지 않기 때문이다. 보통 볼펜과 펜은 파이프 안에 들어 있는 잉크가 중력에 의해 밑

으로 내려오는 구조로 되어 있다. 그러니 중력이 없는 우주에서는 잉크가 아래로 내려오지 않아 쓸 수 없었던 것이다.

물론 우주에서 사용할 수 있는 볼펜도 있다. 바로 1984년 미국항공우주국이 만든 우주펜이다. 이 펜은 중력 대신 질소가스의 압력을 이용해 잉크를 아래로 밀어낸다. 그래서 무중력 상태뿐 아니라 사막이나 극지 등 극한 환경에서도 글씨를 쓸 수 있다. 스킨스쿠버나 남북극 탐험가들도 이 펜을 사용한다.

우주 공간에서 연필로 글씨를 쓰는 것은 가능하지만 우주인들은 가루 때문에 연필을 사용하지 않는다. 연필로 쓴 글씨는 흑연 가루가 종이에 묻어 나타나는 것인데, 미처 종이에 붙지 않은 흑연 가루는 공중에 떠다닐 수 있고 우주 장비 속으로 들어가기라도 하면 치명적인 문제를 일으킬 수 있다. 따라서 우주인들은 기름과 잉크를 섞은 우주용 특수펜을 사용한다.

우주에서 붓펜으로 글씨를 쓰는 것도 가능하다. 우주의 무중력 상태에서도 모세관 현상은 이뤄지기 때문이다. 모세관 현상은 식물의 뿌리가 물을 흡수하는 원리인데, 액체가 더 좁은 관으로 이동하는 현상을 말한다. 붓펜의 잉크는 잉크가 담긴 관보다 폭이 더 좁은 붓끝으로 이동해 우주에서도 글씨 쓰기가 가능했던 것이다.

우주인은 뭐 하고 놀까?

국제우주정거장에 머무는 우주인들은 사방이 막힌 폐쇄된 공간에서 작업을 해야 되기 때문에 스트레스를 많이 받는다. 그래서 우주인을 관리하는 지상 기지국은 우주인의 건강과 정서적인 안정을 위해서 정해진 시간표와 여유 있는 휴식 시간, 지상에 있는 가족들과의 교신을 준비해 주기도 한다.

보통 국제우주정거장에서 우주인의 일과는 그리니치 천문대 기준 시로 6시부터 시작된다. 6시 기상을 한 뒤 7시 30분까지 세면과 아침 식사 그리고 지상관제센터로부터 오늘 해야 할 일들을 보고받는다. 이후 10시 30분까지 오전 우주 작업이 진행되며 이후 2시까지 운동과 휴식,

점심 식사를 하게 되며 다시 5시까지 오후 우주 작업, 8시까지 오후 운동과 저녁을 먹은 뒤 9시 30분까지 자유 시간을 가진 다음 9시 30분이 되면 취침하게 된다.

바쁜 일과를 마친 뒤 주어지는 자유 시간에 우주인들은 무엇을 하며 지낼까? 공간이 좁고 제한되어 개인적인 공간이 없는 국제우주정거장에서 여가를 즐길 수 있는 것들은 그리 많지 않다. 별도의 운동 시간이 있기 때문에 운동보다는 가족들에게 보낼 메일을 쓴다든가, 준비해 간 음악을 듣는 것과 같은 소소하고 다양한 일로 여가를 즐기는 것이 보통인데, 그 가운데에서도 가장 인기가 좋은 것이 바로 창문으로 지구 구경하기라고 한다.

국제우주정거장은 90분 주기로 지구 주위를 돌며 매 45분마다 낮과 밤이 교차하는데, 관측창을 통해 이런 광경을 보면 그 경이로움에 감탄이 절로 나온다고 한다. 하지만 국제우주정거장에 있는 창문들은 비행기 창문처럼 작아서 내다보기에 조금 불편하다. 창문 중에 가장 큰 것은 미국의 데스티니 모듈에 있는 창문으로, 길이가 약 50센티미터이다.

그런데 2010년에 국제우주정거장에 더 큰 관측창이 생기게 되었다. 미국항공우주국은 2010년 2월 우주왕복선 엔데버호를 발사해 '트랭퀼러티' 모듈을 국제우주정거장에 설치했다. 우주인의 생명 유지를 위한 장치들이 설치된 이 모듈의 가장 특징적인 부분은 '큐폴라'라고 부르는 전망 공간이다. 큐폴라는 이탈리아어로 돔이라는 뜻으로, 돔 모양의 전망대에 창문이 일곱 개 달려 있어서 지구와 우주를 여러 각도에서 자세히 관찰할 수 있다. 커다란 창으로 지구와 우주를 관찰할 수 있다니 생각만 해도 멋지지 않은가.

우주선에서 불장난을 하면 어떻게 될까?

국제우주정거장에 견학을 간 개구쟁이 '하늘이'는 생일을 맞이한 우주인 친구 '카리'를 축하해 주기 위해 즉석 생일 케이크를 만들어 주기로 마음먹었다. 하늘이는 한국식 우주 식품인 약밥에 촛불 대신 지구에서 몰래 들고 온 성냥을 꽂고 카리에게 내밀었다. 그런데 케이크를 받은 카리와 다른 우주인들은 기뻐하기는커녕 얼굴이 사색으로 변하며 급하게 성냥을 끄고는 폐기 처분하였다. 단지 성냥이었을 뿐인데 우주인들이 이렇게 과민 반응을 한 까닭은 무엇일까?

그것은 바로 우주선 자체가 밀폐된 거대한 산소 탱크기 때문이다. 그래서 작은 성냥 불꽃이 자칫 주변 전자 장치에 옮겨 붙으면 대형 화재로 연결될 수 있다.

성냥에 불이 붙는 연소 반응에는 산소가 필수적이다. 연소는 산소의 농도가 높은 곳에서 격렬하게 진행되며 산소가 희박한 곳에서는 잘 이루어지지 않는다. 그 이유는 산소의 양이 충분할 때 탄소 분자들이 순식간에 산소와 결합해 이산화탄소로 변하는 완전 연소를 이룰 수 있기 때문이다. 이런 이유로 지상에서보다 순수한 산소의 비율이 높은 항공기나, 잠수함, 우주선에서는 특별히 화재에 주의하고 있다.

우주선에서 불장난을 하는 것은 절대로 해서는 안 되는 일이다. 잘못하면 장난 자체로 끝나는 것이 아니라 돌이킬 수 없는 위험한 사고가 벌어질 수도 있기 때문이다. 아무리 친구의 생일을 축하해 주는 좋은 뜻으로 한 일이더라도 말이다.

우주선에서 담배를 피울 수 있을까?

요즘에는 과거에 비해 흡연에 대한 규제가 엄격하여 대부분의 건물에서 담배를 피울 수 없게 되어 있다. 하지만 흡연자들의 권리를 존중하기 위해 자유롭게 흡연할 수 있는 흡연 구역이 마련되어 있다. 그렇다면 우주선이나 국제우주정거장에서도 담배를 피울 수 있는 흡연 구역이 있을까?

담배를 피우는 우주인들에게는 매우 안타까운 일이 되겠지만 우주선에서는 담배를 피울 수 없다. 우주에서 가장 소중하고 귀한 것을 뽑으라면 1위가 공기고, 2위가 물일 것이다.

공기와 물은 우주선이나 우주정거장에서 인간이 생존하기 위한 가장 기본적인 것들이며, 지구에서 직접 가지고 오지 않으면 구할 수 없는 것들이다. 이 때문에 우주에서는 공기나 물을 재활용하게 되어 있다. 오랜 시간 우주에 머무는 데 필요한 핵심 기술 가운데 하나가 바로 이런 자원을 재활용하는 기술들이다.

만약 어떤 우주인이 참지 못하고 우주선에서 담배를 피웠다면 어떤

일들이 벌어지게 될까?

먼저, 담배를 피울 때 나오는 연기 때문에 난리가 날 것이다. 우주선은 화재에 매우 민감하기 때문에 곳곳에 연기를 감지하는 화재경보기가 설치되어 있다. 담배를 피울 때 나오는 담배 연기는 화재경보기의 오작동을 불러올 수 있다. 게다가 담배 연기는 우주선 내부의 공기를 오염시킬 수 있기 때문에 공기를 정화하기 위한 많은 작업들이 필요할 것이다.

그리고 담뱃재 역시 문제가 된다. 담배를 피울 때 발생되는 미세한 담뱃재들이 우주선 내부에서 떠다니다가 정밀한 전자 기계 등에 들어갔을 경우 오작동을 불러일으킬 수도 있다.

마지막으로 화재에 대한 위험이 생긴다. 앞에서 우주선에서 불장난

을 하는 것은 죽으려는 것과 마찬가지라고 했던 말 기억하는가? 우주
선 내부는 지상의 공기에 비해 산소의 비율이 높은 편이라 만약의 경우
담뱃불로 인해 화재가 일어날 수도 있다.

이런 위험을 감수하고도 담배를 피울 우주인이 있을까? 우주선에서 담
배를 피우면 안 되는 이유는 자신의 목숨을 지키려는 것 말고도 또 있다.
우주선은 우주인 개인의 공간이 아니기 때문이다. 우주선 한 대를 쏘아
올리는 데는 천문학적인 비용이 든다. 그리고 그 한 대를 쏘아 올리기 위
해 수십 개국 수만 명의 과학자들이 함께 노력하고 힘을 모은다. 따라서
우주선에서 위험한 일이나 개인적인 활동을 하는 것은 절대 금지다!

그렇지만 언제나 예외는 있는 법. 예전 러시아 우주정거장 미르호에
탑승한 러시아 우주인들 가운데 한 명이 지상 우주센터 몰래 흡연을 했
다는 믿지 못할 소문이 있었다나 어쨌다나…….

우주선 안에서는 방귀 조심!

우주인이 우주에서 잘해야 하는 일이 몇 가지 있다. 그중 하나는 우
습게도 '방귀 참기'다.

방귀는 음식물이 소화되는 과정에서 장 속에 생기는 가스가 항문을
통해 빠져나오는 현상이다. 소장과 대장에는 평균 200밀리리터(작은 우
유팩 크기)의 가스가 모여 있다. 사람들은 의식하지 못하는 사이 하루에
평균 열세 번 가량 방귀를 뀌는데 전체 가스 방출량은 적게는 200밀리

리터, 많게는 1,500밀리리터(1.5리터짜리 페트병이 가득 차는 정도)에 이른다. 방귀 가스는 대부분 질소와 수소, 이산화탄소와 메탄가스 등으로 이루어져 있는데, 약하긴 하지만 '폭발력'을 갖고 있다.

우주선처럼 내부가 완전히 밀폐된 곳에 여러 사람이 뀐 방귀가 모인다고 생각해 보자. 독한 냄새로 코가 괴로워지는 것은 물론 우주선 내부의 복잡한 기기에서 일어나는 스파크가 방귀와 만나 폭발할 위험도 높아진다.

그렇다고 방귀를 너무 오래 참으면 우주선의 기압이 떨어졌을 때, 배 속에 고인 가스의 압력 때문에 장이 파열될 수도 있다. 뻥! 상상만 해도 무시무시하지 않은가? 이 때문에 소화되는 과정에서 가스를 많이 만들어 내는 콩과 탄산음료는 '위험 물질'로 우주인들이 기피하는 음식이다.

다행히 요즘에 미국항공우주국은 방귀를 연구해 가스를 빨아들이는 장치를 우주복 내부와 우주선 화장실에 마련했다. 장에 가득 찬 가스를 끌어안고 이러지도 저러지도 못 하는 우주인을 위해서는 정말 다행인 일이다.

우주에서 소포요!

국제우주정거장에서 오랜 시간을 머무는 우주인들은 지구에 있는 사랑하는 가족의 생일이 다가와도 선물을 전해 줄 방법이 없다.

지구에서 국제우주정거장으로 물품을 보내 주는 러시아의 '프로그레스' 화물 우주선이 있지만 이 화물 우주선은 국제우주정거장에서 나온 배설물, 쓰레기 등을 싣고 대기권에서 타버리기 때문에 지구에 있는 가족들에게 선물을 전해줄 수 없다.

따라서 아직까지는 마땅한 방법이 없다. 하지만 여러 나라에서 다양한 연구들이 진행되고 있다.

유럽우주국(ESA)이 주관하고 전 세계의 젊은 대학생들이 참가한 YES2(Young Engineers' Satellite 2) 프로젝트에서는 우주선에서 30킬로미터 길이의 밧줄을 내려 물건을 전달하는 우주 우편 서비스를 실험하고 있다. 밧줄 끝에 지구 귀환용 캡슐을 달아, 밧줄의 진자 운동을 이용해 정확한 위치에 캡슐을 떨어뜨리는 원리다.

물론 물건을 정확한 위치에 떨어뜨리려면 우주선의 속도와 밧줄의 길이, 밧줄이 움직이는 범위 등을 꼼꼼하게 계산해야 한다. 그리고 캡슐 안의 물건이 파손되지 않도록, 대기권의 뜨거운 열기나, 땅에 떨어질 때의 충격에도 신경을 써야 한다.

하지만 이 프로젝트가 성공한다 하더라도 큰 화물이나 무거운 물건을 보내기에는 아무래도 힘들다. 그래서 미국의 하이리프트 시스템사는 미국항공우주국에서 57만 달러의 연구비를 지원받아 우주엘리베이터를 개발하고 있다.

우주엘리베이터로 1킬로그램의 화물을 나르는 데는 고작 1.5달러 정도 든다고 한다. 현재 우주왕복선으로 화물을 실어 나를 때 1킬로그램당 수천만 원이 드는 것에 비하면 무척 싼 금액이다. 우주엘리베이터는 적도 근처 바다 한복판에 승강장을 두고, 고도 3만 6,000킬로미터의 정지궤도에 있는 인공위성에 연결되는데, 인공위성은 지구의 자전속도와 똑같이 지구를 돌기 때문에 우주엘리베이터가 우주에 도달할 때까지 휘거나 기울어지지 않는다고 한다. 우주엘리베이터의 차량은 시속 수천 킬로미터를 움직일 수 있는 자기부상열차가 제격이라고 한다. 선로와 맞닿지 않고 자석으로 추진되기 때문에 속도를 유지할 수 있고 부품이 훼손될 염려도 없다고 한다.

만약 우주에서 물건이 아니라 편지를 보내고 싶다면 종이비행기를 접어 지구로 날려도 된다. 일본에서는 국제우주정거장에서 지구로 종이비행기를 날려 착륙시키는 연구를 하고 있다.

도쿄 대학교 연구진은 우주왕복선의 모양으로 8센티미터 길이의 종이비행기를 만들었다. 물론 종이 표면은 공기 마찰에 잘 견딜 수 있도록 단열 처리를 했다고 한다. 무거운 우주선은 지구의 대기권을 통과할 때 음속의 20배 정도로 날지만, 종이비행기는 가볍고 공기에 대한 저항이 커 더욱 느린 속도로 날 수 있다고 한다. 또 공기가 희박한 곳부터 천천히 속도가 줄기 때문에 불에 타지 않고 지구로 들어올 수 있다고 한다.

아직까지는 우주와 지구 사이에 물건을 옮기는 방법은 우주선을 통해서만 가능하다. 하지만 앞서 소개한 연구들이 실제로 성공한다면, 우주에서 지구로 선물을 보내고, 또 지구에서 우주로 물건을 보내는 방법이 보다 쉬워질 것이다. 머지않아 "우주에서 보내온 소포요!"라는 택배 아저씨의 정겨운 목소리를 듣게 되지는 않을까. 그런 날이 온다면 우주가 지금보다 훨씬 가까운 곳이 되어 있지 않을까 기대해 본다.

우주에서 한마디

지구를 떠나 보지 않으면, 우리가 지구에서 가지고 있는 것이 진정 무엇인지 깨닫지 못한다.

제임스 러벌 | 우주 비행사, 발사 후 사고가 생겼던 아폴로 13호의 선장

저자 소개

고호관

서울대학교 과학사 및 과학철학 협동과정에서 석사를 마쳤고, 현재 동아사이언스에서 「과학동아」 기자로 일하고 있다. SF, 특히 우주여행이 나오는 이야기를 좋아해, 많은 사람들과 우주에 대한 꿈을 공유하고 싶은 바람이 있다.

김은영

서울대학교 자연과학부에서 지구시스템과학을 전공하고, 같은 학교 대학원에서 석사 학위를 받았다. 동아사이언스에서 콘텐츠 편집자로 일하며, 어린이들에게 과학을 쉽고 재미있게 알리기 위해 다양한 글을 쓰고 있다. 지은 책으로는 『미션키트맨』 1~2, 『과학향기』(공저)가 있고, 옮긴 책으로 『노래하는 곤충도감』 등이 있다.

김정훈

KAIST에서 생물학으로 석사 학위를 받았다. 그림에 대한 꿈을 떨치지 못해 한동안 애니메이션을 공부했다. 현재 과학쇼핑몰 '시앙스몰'을 운영하며, 과학교육잡지 「시앙스가이드」의 편집장으로 일하고 있다. 지은 책으로는 『맛있고 간편한 과학도시락』이 있다.

박영기

대학교에서 전자공학과 물리학을 공부했다. 삼성SDI 중앙연구소에서 근무했고, 현재는 아이들에게 과학을 가르치고 있다. 모형 비행기에 관심을 가지다 항공 우주 분야까지 관심을 가지게 되었다. 아이들이 우주를 정복의 대상이 아니라 탐구의 대상으로 보았으면 하는 바람이 있다.

박태진

동아사이언스에서 콘텐츠 편집자로 일하고 있다. 대학 시절에 칼 세이건의 『코스모스』를 읽고 과학의 매력에 빠졌다. 과학을 아는 즐거움을 청소년은 물론 어른들에게 알려 주고 싶어 열심히 글을 쓰고 있다. 저 넓은 우주에서도 즐길 수 있는 재밌는 콘텐츠를 기획, 제작하고 싶다.

서금영

고려대학교에서 산림자원학을 전공했고, 같은 대학원에서 환경생태공학으로 석사를 마쳤다. 동아사이언스 기자를 거쳐 현재는 한국갤럽조사연구소 연구3본부 연구원으로 근무하고 있다. 전 인류와 우주인에게 식물의 아름다움을 전하고, 인간과 동식물, 우주인과도 마음을 나누고자 한다.

양길식

대학교에서 기계공학을 전공했지만, 과학이 좋아 현재 동아사이언스에서 과학 콘텐츠를 만드는 일을 하고 있다. 한국과학기술정보연구원의 「과학향기」, 한국항공우주연구원의 「푸른하늘」, 「내 친구 서울」, 「좋은엄마」 등 다양한 매체에 칼럼을 연재하고 있다.

유기현

대학교에서 신소재공학을 전공했고, 어린이

과학잡지 「과학쟁이」를 시작으로 과학 분야의 글을 쓰기 시작했다. 현재 동아사이언스 기자로 일하며, 과학과 관련된 다양한 콘텐츠를 만들고 있다.

이태식

서울대학교에서 토목공학을 전공하고, 위스콘신매디슨대학교에서 건설경영학 석사 및 박사 학위를 받았다. 한양대학교에서 학생들을 가르치고 있으며, 굴착 로봇과 달 콘크리트 등을 개발해 우주와 같은 극한 환경에서도 건물을 지을 수 있는 방법을 연구하고 있다.

이혜림

대학교에서 건축공학과 경영학을 공부하고, 현재 동아사이언스에서 「어린이 과학동아」기자로 활동하고 있다. 어린이들에게 유익한 과학을 기사와 만화로 재미있게 전달하기 위해 노력하고 있다. 앞으로도 드넓은 우주를 보며 마음껏 감탄할 수 있는 순수함을 계속 간직하고 싶다.

전동혁

동아사이언스에서 동아일보 과학면 담당기자로 활동하고 있다. 과학을 흥미롭고 재미있게 전달하는 데 주력하며 우주, 지구, 환경, 바다와 관련된 과학 이슈를 추적 중이다. 국내 첫 우주인 탄생과 나로호 1, 2차 발사 당시 동아일보 특별취재팀으로 활약했다.

정인석

서울대학교에서 항공 우주 추진기술 및 연소

에 대하여 가르치고 있으며, 극초소형 인공위성을 설계하는 일도 하고 있다. 항공기 조종에 관심이 많아, 미국연방항공청 다발원동기 비행기 조종사 면장을 갖고 있으며, 약 130시간의 비행 기록을 보유하고 있다.

정홍철

아마추어 로켓 연구가이자, 진짜 우주복을 갖고 있는 우주 마니아다. 청소년들에게 우주에 대한 호기심과 모험심을 심어 주기 위해 스페이스스쿨을 운영하고 있다. 지은 책으로는 『우당탕탕 우주비행사학교』『우주 개발의 숨은 이야기 』 등이 있다.

최영준

과학을 좋아해 대학교에서 물리학을 전공했다. 현재 「어린이 과학동아」에서 어린이들에게 신 나고 재미있는 과학 이야기를 전하려고 노력하고 있다. 세상에 대한 호기심이 많아 오늘도 이곳저곳을 두리번거리고 있다. 어린 친구들이 이 책을 읽고 과학에 대한 관심을 가졌으면 하는 바람이 있다.

한국항공우주연구원(이규수·옥수현·임영미)

한국항공우주연구원 홍보협력실에서 항공 우주 과학교육을 담당하고 있다. 청소년들에게 항공 우주를 향한 꿈과 희망을 심어 주기 위해 과학교육 콘텐츠 개발과 항공 우주 과학캠프 등 다채로운 교육 프로그램을 운영하고 있다.

우주선 안에서는 방귀 조심!

1판 1쇄 발행 | 2011년 8월 25일
1판 14쇄 발행 | 2024년 10월 31일

기획 | 한국항공우주연구원
지은이 | 고호관, 김은영, 김정훈, 박영기, 박태진, 서금영, 양길식, 유기현,
　　　　　이태식, 이혜림, 전동혁, 정인석, 정홍철, 최영준, 한국항공우주연구원
그린이 | 홍원표(표지), 유진성(본문)
펴낸이 | 박철준
편집 | 신지원
디자인 | 디자인서가

펴낸곳 | 찰리북
등록 | 2008년 7월 23일(제313-2008-115호)
주소 | 서울시 마포구 동교로18길 33, 201 (서교동, 그린홈)
전화 | 02)325-6743　**팩스** | 02)324-6743
전자우편 | charliebook@gmail.com

ISBN | 978-89-94368-08-5 (03400)